NONSENSE

The Power of Not Knowing

未知的力量

未来生存指南

［美］杰米·霍姆斯◎著　　谢孟宗◎译
Jamie Holmes

广东旅游出版社
GUANGDONG TRAVEL & TOURISM PRESS
悦读书·悦旅行·悦享人生

中国·广州

图书在版编目（CIP）数据

未知的力量/（美）杰米·霍姆斯著；谢孟宗译. —广州：广东旅游出版社，2019.3

ISBN 978-7-5570-1483-4

Ⅰ.①未… Ⅱ.①杰… ②谢… Ⅲ.①成功心理—通俗读物 Ⅳ.①B848.4-49

中国版本图书馆CIP数据核字（2018）第200653号

广东省版权局著作权合同：图字19-2018-108号

Copyright© 2015 by Jamie Holmes

This edition arranged with William Morris Endeavor Entertainment， LLC through Andrew Nurnberg Associates International Limited.

本书译文由台湾远流出版事业股份有限公司授权使用。

未知的力量
Weizhi de Liliang

广东旅游出版社出版发行
（广州市环市东路338号银政大楼西楼12楼 邮编：510180）
印刷：北京晨旭印刷厂
（地址：北京市密云县西田各庄村）
广州旅游出版社图书网
www.TOURPRESS.cn
邮购地址：广州市环市东路338号银政大楼西楼12楼
联系电话：020-87347732 邮编：510180
880毫米×1230毫米 32开 9印张 161千字
2019年3月第1版第1次印刷
定价：58.00元

目 录

前 言

1996

年，伦敦的城市·伊斯灵顿学院（City and Islington College）为初学者及成绩落后的学生开设了一门法语速成课。修课学生有十几岁的葆拉，她戴着一副金属边框眼镜，看上去很认真，过去连一个法文词也没说过；留山羊胡、戴耳环的达敏德不但是头一回学法语，连普通中等教育证书会考[1]

---

1 在英国学制中，14~16岁的中学生可依自己的兴趣、专长等选读中学普通学力课程，为期两年，通过考试后便可取得证书，作为升学或就业的凭据。

（General Certificate of Secondary Education, GCSE）的西班牙文考试都没通过；阿布杜尔则是没通过德文考试；沙文德和玛丽亚没通过法文考试；艾米莉的法语表现让老师很不看好，老师要她干脆放弃，别再学了。不过，这些学生并未自认回天乏术，反倒报名速成班，抓住独一无二的转机。课程为期5天，学生将接受语言学家米歇尔·托马斯（Michel Thomas）特立独行的教学。

托马斯头发灰白，穿着蓝色轻便夹克，气质沉稳而优雅。"很高兴认识各位，"他和这批新学生说，"我很期待今天的教学，但是我们得先把环境弄好一点。你们想必坐得不怎么自在吧，我希望你们上起课舒舒服服的。所以，教室得重新布置一下。"他从教室外的卡车上找出很多出人意料的物品，扶手椅、枕头、咖啡桌、植物、风扇，竟然还有一张柳条编织成的折叠屏风，用来替换教室的标准配备。学生们费了点心思让教室焕然一新，豪华的高背扶手椅排成半椭圆形，拉下蓝色窗帘，灯光调暗，展开柳条屏风将扶手椅围住，整个空间看起来倍加舒适，大大拉近了师生距离。

教室里全不见书桌、黑板、纸张、圆珠笔或铅笔。托马斯不想让学生练习读或写，不叫他们尽力回想所学，就算到了下课前，也不要他们回顾今天学到了些什么。他要学生这样想：学生上课时想不起以前学过的知识，并不是学生的问题，而是老师的。艾米莉一脸怀疑，达敏德和阿布杜尔忍不住微微一笑，一脸淘气。每位学生都掩饰不住对眼前这名老头的好奇，他说的是真的假的？千万别费力记住上课教的东西？

"我要你们放轻松。"

英国广播公司（BBC）拍摄了纪录片《语言大师》（*The Language Master*），记录了托马斯的教学法以及这5天课程的成果。法语系主任玛格丽特·汤普森（Margaret Thompson）获派评估教学成效。在课程尾声，汤普森到教室观察学生运用高阶文法规则来翻译完整的法文句子。要知道，他们大多一辈子没说过一个法文词，有个词组一般人可能要花好多年才能应付，艾米莉却在课堂口译了出来："我想想知道，你今晚要不要和我一起去看看？"葆拉赞赏托马斯重视让学生保持冷静与耐心。据学生说，短短5天像是学了整整5年法文课。汤普森对这样的结果感到很惊讶，只能尴尬地听着学生称赞自己的表现。

米歇尔·托马斯晓得，探索陌生语言是何等让人胆怯。除了惯见字母出现新的发音，学生还得面对词汇新义、词性欠缺和其他古怪的文法结构。因此，尽管上课气氛轻松，这些学生脸上仍看得出慌乱：焦虑的笑声、尴尬的微笑、呢喃的道歉、说起话结结巴巴、犹豫迟疑、目光流露困惑等。要学习外国语言，必须航向不熟悉的领域，按托马斯的说法，新学一种语言等于是钻研一件"最格格不入的外来事物"。大脑为了抵御"外来种",会出于本能设置防御工事,而身为教师,最首要也最为困难的挑战便是帮助学生将护墙拉倒。在这个速成班上,托马斯改变了教室氛围,将压力及忧虑化为平静与好奇。他不知使了何种手法,悄悄让学生敞开了心胸。原本,他们遇上一时弄不明白的东西就习惯放弃,现在突然都变得更有意愿探索未知天地了。

《语言大师》于 1997 年播出,此时的托马斯已是一位传奇人物,会说 11 种语言,还在洛杉矶及纽约设立个人教学中心。支持者对他崇拜得不得了,而这多亏了他拥有一长串出名的客户,例如知名影星葛莱丝·凯莉、传奇民谣歌手巴布·迪伦、大导演希区柯克、可口可乐公司、宝侨,以及美国运通。制作人奈杰尔·利维(Nigel Levy)在制播《语言大师》前曾接受托马斯指导,他形容托马斯的课"令人惊叹"。演员埃玛·汤普森上过托马斯的课程后,盛赞这是她"一生最非同凡响的学习体验"。前以色列驻联合国大使称托马斯能"缔造奇迹"。曾任加州大学洛杉矶分校人文学院院长的赫伯特·莫里斯(Herbert Morris)则透露,他跟着托马斯学西班牙文,不过几天就抵得上 1 年,而且在 9 个月后还记得所学。

托马斯说:"最要紧的,是把(与学习有关的)紧张与焦虑拔除得一干二净。"他很注意学习者的情绪,如此考虑不但闻所

VII

未闻，甚至翻转了既定的教学思维。比如，他在教法文时，常常一开头就告诉学生，法文与英文有几千个共通词，只是听起来不太一样。举例来说，i-b-l-e 结尾的词如"可能"（possible）、a-b-l-e 结尾的词如"桌子"（table），全源于法文。他有次开了个玩笑："法文发音发得一塌糊涂，就成了英文。"托马斯将生词重新打造成学生熟悉的语汇，因此能在教学一开始就提供给学生牢固的"积木"，拼出语言的图景。学生将新知识一点一滴嫁接到旧知识上头，借以表达想法，从头到尾都没有套用死记硬背得来的词组。托马斯要学生自主学习，很少直接纠正他们的错误。

到了 2004 年，托马斯推出法文、德文、意大利文、西班牙文教学 CD 和录音带，这些在英国已是畅销的语言学习素材，里头录制了他教导两名学生练习语言的情形。但托马斯不只于语言学有专精，还战功彪炳。该年，他在美国华盛顿特区"二战"纪念碑接受表彰，获颁银星勋章。托马斯于 2005 年在纽约市过世，生前已入籍美国。他出生于波兰工业城罗兹，原名莫尼耶克·克罗斯可夫（Moniek Kroskof）。克罗斯可夫除了在集中营之间流转而大难不死，还率领过部队作战，并为盟军充当密探兼审讯敌犯，在"二战"后让超过两千名纳粹战犯落网。"米歇尔·托马斯"是他的第五个化名。

VIII

托马斯对极权主义宣传花招的亲身体验和战后的密探经历，并非传记逸事。德国那段过往让他清楚认知到，人类心智面临模糊因子时，如何骤然封闭或敞开，而这正是本书要关注的核心。托马斯亲眼见证了纳粹主义如何培育最为热诚的信徒，使他们轻忽乃至鄙视世事的模糊和道德的多元复杂；他之后花了几十年发展教学方法，想在语言学习者身上熏陶出截然不同的心态。其实，在《语言大师》制播的 50 年前，他便在某个事件中试验了初步想法，但作风和在城市·伊斯灵顿学院的教学完全相反，想来教人发毛。

*　　　　*　　　　*

1946 年，曾任希特勒黑衫军情报局少校的鲁道夫·锡克曼（Rudolf Schelkmann）藏匿于德国乌尔姆，将一群忠于纳粹的人组织起来，拼命想恢复纳粹统治，但这个组织相当松散。同年 11 月，锡克曼和三名前黑衫军军官打算与某人会面，据称这人领导着一个势力更大、权力更集中的新纳粹地下反抗组织；其实，锡克曼等人已中了圈套，预备与他们见面的便是莫尼耶克·克罗斯可夫，即米歇尔·托马斯，这名出生于波兰的犹太人这会儿是美国陆军反情报兵团（Counter Intelligence Corps, CIC）的密探。

托马斯身负重任，要将战犯绳之以法，奉命让锡克曼的组织现形，最终将之瓦解。另一名 CIC 探员化名汉斯·梅尔（Hans

Meyer）努力和这个组织打好关系，但锡克曼的口风始终很紧。终于，他同意透露组织成员姓名和运作细节，前提是和梅尔的上司见一面。这时，托马斯绝不能让锡克曼及其党羽识破整个圈套。经过小心翼翼的安排，他在这场重要会面前，刻意让这群乱党饱受折腾。

会面当晚，锡克曼等人听从梅尔指挥，先躲在乌尔姆西南方一处藏身之所。在全无预警的情况下，一群摩托车骑士出现将他们带走。托马斯等到风强雨大时才下令行动。这些人坐在摩托车后座饱受刺骨寒风，衣服也被雨水打湿了，然后被抛在一条全无人迹的马路上；接着他们又被蒙上眼睛塞进两辆汽车，在一片黑暗中，他们能听见人声互通暗语，通过一个个伪造的安检站；之后，他们被赶下车，摸黑沿着泥泞小路前进，有人领着他们踏过一滩滩冷冽水坑；最后则是在没有暖气供应的走廊等候，一句话都不能说。他们仍被蒙住双眼，只能听见简练号令和短促脚步声、房门匆匆打开又匆匆关上。等他们终于被带进小屋房间，取下蒙眼布，已是午夜时分。

托马斯（黑衫军余党以为他叫作法郎兹伯格）在一张大书桌后迎接这群密谋造反的人，他身上除了一件军队式样的棕色上衣，其他与平民装束无异。就忠于纳粹的乱党所知，他原为德国帝国保安总局（Reichssicherheitshauptamt, RSHA, 英文名称为

Reich Main Security Office）高级官员，这个情报单位一度受希姆莱[1]（Heinrich Himmler）监督。法郎兹伯格把猎人小屋伪装成领导"全面"反叛的地下组织总部，除了挂着希特勒与其他纳粹要人画像作为装饰，也点缀着手榴弹、机关枪、手枪、火焰喷射器及破坏工具组，还有一个打开了的保险箱，里面摆着成沓钞票。

托马斯举止怠慢，点头说了声"坐"，他们就坐了下来。他一语不发，仔细盯着一份内容不明的卷宗好一会儿，才向锡克曼表明立场，说是绝不允许反抗组织各行其政。说白了，不受他指挥的军事行动等同通敌。托马斯举手投足仿佛不假思索，不将锡克曼和他的小组织放在眼里，他不停接打电话，强调自己对他们不感兴趣。部下进进出出，显然是在传递紧急信息。曾任纳粹少校的锡克曼一时慌乱，提供了托马斯想获得的详细情报：他自身的背景，房间内其他黑衫军余党的背景，组织名称、章程、行事方法、人员架构、招募方式，等等。

CIC 当晚的行动并非无懈可击。托马斯的弥天大谎需要大约 30 个人合演一场好戏，而且各有各的剧本，整场戏难免会有差错或前后不一。反情报作战是成是败，便取决于这些小地方，种种

---

1 海因里希·希姆莱是纳粹德国的重要政治人物，曾任内政部长、党卫队队长，历史学家认为他主导了针对犹太人的大屠杀。

不寻常的迟疑、古怪的回应、不由自主的抽搐，全看对方将之解释为心怀不轨还是无心之举。人类学家玛格丽特·米德（Margaret Mead）提过，这就是某位苏联间谍抽烟斗的原因（如此就能保持面无表情）。衣服钮扣呈十字交叉而非对排，也可能泄漏探员国籍，让别无破绽的行动功亏一篑。在埃及，有名外国探员便是在公共厕所的站姿露了馅，才败露身份。托马斯很清楚，情报战里没有无足轻重的细节。何况，锡克曼有谍报人员背景，极为难缠。

锡克曼有两次机会揭穿当晚骗局。第一次是在要求托马斯任命他为情报头子的时候。托马斯和为其撰写传记的克里斯托弗·罗宾斯（Christopher Robins）说："我没料到他会提这要求……我若答应他，就得带他进入组织，但我显然办不到。于是，我指出了他情报行动的缺失。可说实话，那些运筹调度让人不得不佩服。"托马斯不仅得捏造出一套间谍密谋，还得立即贬低一个运作良好的间谍网络。不过，锡克曼并未抓住机会，也未提出异议。该晚第二个成败关键是锡克曼出人意料地要求托马斯下达指令，据托马斯回忆，这是最危急的一刻。

"现在，你对我们有什么指示？"

据罗宾斯转述，托马斯担心自己"一时不察卸下伪装，跳脱了扮演的角色"，然而黑衫军余党仍未察觉。托马斯回复镇定，命令这群德国人暂停一切待定行动，准备接受视察。他整晚的表现有两次露出空门，但锡克曼也两次错失良机。

先前让这群人吃尽苦头，像是蒙上眼睛、换乘交通工具、行走过泥泞地面、浑身衣物湿透、受尽屈辱对待，这一连串演出总算有了报偿：他们忽略了所有破绽。当晚计划的成功，并非仰赖完美无瑕的执行。相反，托马斯知道犯错在所难免，而万一破局，他就非得当场逮捕纳粹分子不可。他的高明之处是操纵对手情绪，让他们觉得局面并不完全在自己掌握中，也就比较不容易注意到对方片刻的失误。

过了几个月，托马斯辞去 CIC 的职务，从德国前往美国。另一名探员接手任务，诱捕顽强的地下纳粹分子，他装作是法郎兹伯格的代理人，安排与锡克曼及其党羽在当地啤酒馆会面，锡克曼等人可以带太太或女友与会。这一次，探员在场面紧绷时流露慌乱，德国乱党发觉事态不对，激烈质问起来。惊慌失措下，探员拔出枪支，而藏身酒馆另一处，担任后援的便衣警员只能介入将乱党逮捕。抓到的组织成员比原先期盼的少很多。

锡克曼在牢里待了 12 年。最初在起诉时，检方告诉他法郎兹伯格也为美方工作，锡克曼和同党还激烈否认，好像不明白检方在说些什么。托马斯的学生敞开了胸怀，黑衫军余党却将心封闭。

         *   *   *

本书要谈论的是我们如何理解世界；谈论人在心生困惑、前路未明时，到底发生了什么事。当然，日常生活的挑战大都直截了当：下雪了，我们知道想出门就该披件外套；电话响了，我们就接；红灯一亮，就得踩刹车。但是另一方面，有广大的知识领域让大多数人完全摸不着头绪，让你盯着古巴比伦楔形文字或聆听粒子物理学家辩论，如果你也跟我一样对这两者完全不熟悉，就会脑子一片空白。若非对知识有一定基础，就不可能不觉得困惑。要是全无头绪，我们就会很肯定自己的无知，一如我们也很肯定每日生活有哪些老规矩。在书里，我探讨的是两个极端之间的模糊地带，也就是说，理解特定经验所需的信息不是付之阙如，就是过于复杂或彼此矛盾。像这样难以寻觅完整意义的情境，正是"模糊"（ambiguity）所在。

模糊所引发的心理状态被称为"犹疑"或"彷徨"（uncertainty），而这种心态会"放大"情绪，于是，焦虑会让人更加痛苦，乐趣会令人特别愉快。举例来说，填字谜的乐趣便在于苦思并破解可以作多种解释的线索。从古到今一向大受欢迎的侦探小说，则是让读者对破案提示和犯人犹疑未决，从而生成悬念。费解的现代艺术、多样的诗、刘易斯·卡罗尔在《爱丽斯漫游奇境》里的谜语、西班牙文学大师马奎斯的魔幻写实文学、卡夫卡存在主义式的讽刺作品等，"模糊"浸透了各种艺术形式与伟大作品，代表其潜在的本质能够牵动人类情绪。德国文豪歌德说："与之同感便无动力，与之矛盾则创意不绝。"模糊也是如此。

旅行、科学博物馆和伤脑筋的难题，表明了模糊与神秘大有潜力，能抓着人的想象不放，但这些也指出了人与所感知到的失序间，关系是多么不稳定。我们希望自身的犹疑能如现代美术展览那般，是细心安排的结果。有许多让人犹疑的情境会让我们觉得开心，因为不具威胁性，比如挑逗不谐和音的乐曲或耍弄疯狂的恐怖电影。可是，"现实"生活的彷徨是因为无解的事件、不明的意图、未有定论的财经或医学新闻。也许你的配偶工作条件过人，却未获录取；也许你身体不适，医师的诊断却不能解释所有症状；也许你正和不怎么信任的人洽谈生意；也许你身处变动极快、竞争极大的市场，正努力规划将来营运；又或者你正决定要去哪所大学就读、要到哪个地方定居；等等。人生中必须做出关键决断的时刻，总是涉及在利害关系极大的局面中处理模糊信息，而今日世界更是让人穷于应付，惶惑混乱。

现代人生活很矛盾。一方面，运输、通讯、生产等技术加速发展，理应提供更多可供自由运用的时间；另一方面，相关科技发明却让选择快速增加。传统信件的递送慢如蜗牛，电子邮件传输速度快得太多，网络也带来了推特（Twitter）、YouTube 等平台。德国社会学家哈特穆·罗沙（Hartmut Rosa）是这么形容的：

"无论怎样加快'生活步调'，我们都赶不上数据、信息、选项的洪流。"结果，我们接触世界的渠道更有效率，但感觉自己"拥有的世界"却不断紧缩。据估计，全世界 90% 的数据是近 5 年产生的。我们全遭信息淹没，就连最简单的选择，像是去哪里吃饭、签订哪种医疗保险、购买哪牌咖啡机，都让人愈来愈焦躁。

同时，我们在社会上面对的焦虑也来自贫富不均逐渐扩大，以及不明朗的经济前景。许多产业似乎开始用机器取代人力，应对犹疑的心理很快就成为现代人的必备技能。经济学家诺里拉·赫兹（Noreena Hertz）近日主张，当今一大根本挑战正是"失序，也就是旧有既定秩序崩坏，而当前年代极难预料"。

自动化与工作外包让未来的工作者必须更能创新、更有创意。哈佛大学经济学家劳伦斯·卡兹（Lawrence Katz）最近提到，胜负全取决于一项提问："遇上毫无条理的麻烦及新的情境，你能处理得多好？"照他的说法，能"转换为算法"的工作（表示能用机器取代）将不复存在。卡兹跟我说："要想大有斩获，就得有能力学习新技能、适应工作环境，而且不受成规所限，找到有创意的方式解决困难。"

现在的工作者必须学习适应未知，而未来的工作者也得对未知有所准备。横跨社会学与教育学的学者米格尔·艾斯科泰特（Miguel Escotet）说得好，学校必须"教导学生面对犹疑"，原因很简单：大部分学生"几乎不知道进入就业市场时会碰上何种状况"。艾斯科泰特认为，教导学生面对犹疑，意味着让他们保有弹性，懂得自我批判，而且心怀好奇，勇于冒险。一旦人被焦虑打倒，这些特质就没戏唱了。同理，置身众多未明状况之中，企业家若不能冷静下来，便无法创新。应对模糊与犹疑的能力并不属于智力发挥的范畴，其实，本书之后将会提到，这和智商半点关系也没有，而是情感的挑战，是心态问题。我们如果做到了，就会大有好处。今日我们必须解决的疑难是，在工作职场、人际往来、日常生活中，在我们不知道该做什么的时候该怎么做。

过去 10 年，科学界对模糊因子大感兴趣。众多科学家专注于探索"结论需求"（need for closure）。这项概念经杰出的心理学家阿里·克鲁格兰斯基（Arie Kruglanski）细加阐述，表明了人类"渴求寻得某些议题的明确解答，只要能够避免困惑与模糊，任何解答都行"。和米歇尔·托马斯的非正统教学法一样，克鲁格兰斯基的概念，甚至是现代心理学对模糊因子的研究，都可以说是来自于想了解纳粹的心理研究。

1938 年，纳粹心理学家埃里克·詹纳曲（Erik Jaensch）出版了《对范》[1]（*Der Gegentypus*，英文书名为 *The Antitype*）

---

1 "对范"本指在《圣经》里某人、事、物有预示的原型。例如《新约》中的角色能在《旧约》中找到对应的原型。

一书。这本书令人作呕，将对事物的笃定描绘成心理健康的迹象。詹纳曲认为，怀抱疑虑正是心理疾病的佐证。"二战"后，加州大学心理学家埃尔斯·弗伦克尔·布朗斯维克（Else Frenkel-Brunkwik）提出了一项概念叫"难容模糊"（ambiguity intolerance）。她在实验中向受测者播放一系列投影片，上头一开始画了只小狗，后来逐渐变形为小猫。难以容忍模糊因子的受测者普遍倾向将世界分类得泾渭分明，结果这些人顽固地坚持投影片图像到最后仍是小狗。不过弗伦克尔·布朗斯维克的结论和詹纳曲恰恰相反，她认为无法容忍模糊信息是心智不健全的特征。

与弗伦克尔·布朗斯维克相比，克鲁格兰斯基语带保留，却也更教人不安。他明白人类需要抹除犹疑，从毫无意义的事物中理出一个道理来，他认为人类要是缺乏促使化解矛盾、做下决定的心理机制，就算不上多能调适。少了谋求定论的冲动，人什么事也做不成，这便是"结论需求"。不过，克鲁格兰斯基也怀疑，人对犹疑的厌恶并非一成不变。他纳闷：是不是因为太想得到确切解答才产生了极端主义？纳粹党员对内心疑虑的反感日渐升高，再加上充满仇恨的意识形态，是不是也成了助长纳粹主义的祸胎？

其实，上述正是克鲁格兰斯基与其他学者的研究发现。本书后面会指出，要让人类世界运作，就必须保有想克服未定事物的心理需求。不过，和任何心理特点一样，这项特点在某些人身上会放大，在某些状况中会提升。克鲁格兰斯基跟我说："只要改变情势、文化、社会环境等因素中任一项，人的结论需求也会跟着改变。"人对犹疑的厌恶会感染别人，我们会不知不觉染上周围友人的这类反感。在紧绷的场合，我们信任社交圈内的人胜过圈外人；疲惫会使人更加渴求秩序，压力也会。一旦结论需求居高不下，人便容易回头诉诸刻板印象、骤下结论，否定矛盾的信息，我们仿佛变得如纳粹余党锡克曼般顽固，坚称投影片上是小狗，不是小猫。

米歇尔·托马斯知道情境的力量能让心智敞开或封闭，他意识到如何操纵情境，借力使力，控制因模糊情境引起的不自在。CIC 在乌尔姆的布局和托马斯在城市·伊斯灵顿学院的课程恰恰相反。在乌尔姆，他想让黑衫军余党感觉到无法掌控时间的压力，于是在面会中接打电话，还命"助手"一定要打断他；他想威吓这群乱党，便在猎人小屋囤积武器与一沓沓钞票；要使对手退居守势，就先将人安置在陌生的藏身处；要让敌人筋疲力尽、大感不安，便费心部署，让他们坐在摩托车后座穿越风雨，走过冰冷水坑，尔后边等候边受冻。而在伦敦，情况天差地别，他鼓励学生要有耐心，为了确保学生放轻松，他要学生别把记诵当成本分，甚至要学生把教室书桌搬上卡车运走，换成客厅家具和柳条编成的屏风，布置自己的学习空间，为求进一步帮助学生掌控学习，他向学生担保，他们早就熟悉上千个法文词。

托马斯以纳粹分子压抑疑虑的手段还治其人之身，之后则以合于理路的相反手法协助学生学习。恫吓、不适、时间压力，对身为 CIC 探员的托马斯而言都是盟友；等他成了教师，就全化为敌人。身为间谍，他知道如何让锡克曼及其党羽对潜在矛盾更可能视而不见，后来成了老师，也知道如何让学生在新学一种语言时不容易分心。托马斯很清楚，结论需求未必受人当下所应对的特定模糊因子约束。舒服的座椅和法文名词全无牵连，冷冽的水坑对要不要相信某人也没有直接影响，但他看清了一点：对不明事态的反应，极容易随不相干的压力而波动。

正如克鲁格兰斯基指出，我们一般不会意识到，不同的情况如何提升或降低结论需求，或者如何剧烈左右个人对模糊因子的回应，而这正是托马斯的手法引人注目之处。通常，我们不觉得个人心胸的开放或保守会大幅受所处环境影响，尽管认定某些人遇上模糊因子时会比较自在，我们容易将此特质看成深植于个人的内在机制。然而，与过往认知有别的是，基因对人的影响并没有这么大。

本书主张：我们大多不太懂如何应付模糊因子，但可以做得更好。近几年，社会心理学与认知科学领域的新发现，让我们更加理解人类怎么应对模糊因子，这是 20 世纪 50 年代的研究者做不到的。这些洞见与突破让我们知道有更聪明的新方法，可以处理工作与居家面临的模糊情况，也指出了模糊怎样有助于学习新知、解决麻烦，或从另一种角度看世界。

正文第一部分会为论述奠定基础，我们将探索人类心理机制固有的权衡取舍，而且与一名年轻的荷兰心理学家见面，这名心理学家正领导一场前卫运动，想建构出大一统的新理论，说明人类怎样理解世界。第二部分聚焦于否定模糊所产生的危害。我们将会检视在面对教人不安的事件时，如何反应才算高明，如何反应又属轻率；我们要看看美国联邦调查局谈判高手如何应付心态矛盾的宗教教派领袖；体会癌症病人面对模糊病况时的心安自在，怎样促成个人医疗决断的改变；我们还会看到，一间公司如何借由承认前景难料而迎向未来。第三部分强调在某些情境中模糊所带来的好处，包括创新、学习、艺术。与其说模糊让我们感到不安，不如说更像挑战。犹疑有何益处？教师怎么让学生有更妥善的准备，迎接无可预料的艰巨难关？接纳模糊能有助于创造发明、在他人料所未料之处寻找答案，甚至强化同理心吗？我们将看到一间参与世界摩托车锦标赛的摩托车车厂，如何应对意料之外的凄惨赛季，并学习马萨诸塞州一位发明家怎样跨出语言隐而不显的局限；我们会审视娴熟双语的优势，并和耶路撒冷一名胆识过人的电影导演见上一面。

在这过程中，希望我能够说服各位读者，我的主张相当简单：在这日趋复杂、难以预测的世界，最重要的不是智商、意志力，或对自身知识深具信心，而是如何应对我们未知的一切。

PART ONE
Making Sense

第一部分
意义构建

第一章　谋求定论的心智：
意义建构是怎么回事

葛伦·朗奎斯特（Goran Lundqvist）下班后回到家，向太太说："今天和艺术家达米恩·赫斯特（Damien Hirst）签了约，也和小说家约翰·欧文（John Irving）谈妥了。你说说我这做的是哪一行啊？"朗奎斯特先前做过职业运动员，在1960年与1964年两度参加奥运会跳水比赛。他小时候还当过演员，演了4部由大导演英格玛·伯格曼（Ingmar Bergman）执导的电影，包括荣获金球奖最佳外语片的《野草莓》（*Wild Strawberries*）。不过，在 20 世纪 90 年代晚期，他的头衔是公司总裁。

当时，这家公司推出的一波广告战极有成效，在营销史上名列前茅。论广告效益、推行时间，这波起于 1980 年 11 月的广告营销可以说数一数二。1992 年，美国营销学会将其纳入营销荣誉榜，与可口可乐及耐克运动品牌并列。很独特的一点是，朗奎斯特的公司能有这般发展，获得这等荣誉，靠的不是电视广告。

在全盛时期，该公司刊登的广告出自下列名家手笔：普普艺术家安迪·沃荷、作家冯内果、《纽约客》杂志的漫画家、时尚设计师马克·雅各布斯（Marc Jacobs）、美国作家波以尔（T. C. Boyle）、时尚设计师海尔姆特·朗（Helmut Lang）、法国时尚大师高提耶（Jean Paul Gaultier）、意大利时尚设计师凡赛斯等人。在广告里亮相的名人有印度作家萨尔曼·鲁西迪（Salman Rushdie）、摄影艺术家查克·克洛斯（Chuck Close）、传奇摇滚歌手戴维·鲍伊、大导演葛斯·范·桑。受公司雇用的人才涵盖画家、雕塑家、作家、音乐家、室内设计师、时尚设计师，以及民间艺术创作者。2002 年，《福布斯》杂志把这间公司评为全球顶尖的"奢华品牌"，名次超越古驰、蒂芙尼，以及宝马。

这间公司贩卖的商品是伏特加，公司名称叫作"绝对"（Absolut）。

1997 年，绝对公司在美国卖出 5000 箱伏特加。10 年后，运往美国的伏特加数量达 250 万箱，胜过竞争品牌苏托力（Stolichnaya）。其原本在美国进口伏特加销售量中垫底，到最后终于居先。在烈酒整体销售量下滑的时候，绝对伏特加的年销售成长率却超过 30%。1979 年，该公司占进口伏特加销售量仅 1%，到了 1989 年，比重已上升至 60%。一名重要的企业顾问盛赞："绝对公司自成一格。"

绝对公司的广告活动主要刊登于单一媒体，也就是纸张光滑的杂志。引人注目的广告让人爱不释手，就连不喝酒的人都会把杂志广告剪下来收藏，或作出售、交换之用。"绝对牌收藏家协会"（the Absolut Collectors Society）成立于 1995 年，按月发行会务通讯，会员人数最高达 2500 人。高中和大学的图书馆员还得用马克笔把广告画上条纹，免得学生把广告剪下来。

绝对公司发展之初的局面颇为不利，这让其后来的成功尤其值得注意。伏特加的营销有两个难处：一来，伏特加欠缺滋味和香气，这一点和威士忌、葡萄酒或淡啤酒不同，伏特加品酒课程或品酒行家少之又少，人们一般也不会在酒吧点多种伏特加来品尝；二来，酒类广告另有限制，酒类有别于清洁剂，销售人员没法挨家挨户发送样品。最教人气馁的也许是绝对公司来自瑞典，美国人常常搞不清楚瑞典和瑞士，很多人听到瑞典就脑袋放空，充其量只会想起沃尔沃汽车、金发美女或积雪，不会想到伏特加，因为喝伏特加的是俄罗斯人。在这方面，来自苏联的苏托力可以说血统纯正，就连非常畅销的美国伏特加酒品牌思美洛夫（Smirnoff）都要取一个斯拉夫名字。绝对公司要克服的难关多着呢。

首先，绝对公司决定要有个独一无二的酒瓶造型。广告学有句格言："商品卖不掉，就卖包装。"伏特加没有特别的地方是吧？那就弄个特别的酒瓶出来。他们打算模仿香水产业，把酒瓶转化为工艺品或时尚配件，高档香水瓶宛如雕塑，用雾面或彩色玻璃制成，最奇特的瓶子仿佛出自海上、外层空间或异国文明。

旧式瑞典药水瓶给了绝对公司灵感。大多数伏特加酒瓶都是长瓶颈配上四方瓶肩，绝对公司则想改成圆瓶肩搭配短瓶颈；别的酒瓶贴有纸制标签，绝对公司则将标签直接印于玻璃瓶上，还加上西洋书法文和瑞典酿酒业者拉尔斯·奥尔松·史密斯（Lars Olsson Smith）的戳印，算是画龙点睛。

广告公司TBWA[1]（现为"TBWA全球"）受雇为绝对公司做商品营销。记者出身的作家马克·汤盖特（Mark Tungate）在《广告之国》（Adland）一书中写道，广告公司在产品试卖

---

1 TBWA这个公司名称由4位创办人姓氏起首字母组成，其中"B"就是指博南吉。

后收到了消费者意见，公司创办人之一克劳德·博南吉（Claude Bonnange）说："我们收到三项建议。第一项是把品牌名改掉，'绝对'听起来太自大了；第二项是把酒瓶造型改掉，瓶子看上去就像验尿时装尿用的；第三项是把商标改掉，瓶子放在架上，顾客根本看不到直接印在瓶身的蓝色字体。"不过，绝对公司的美国经销商老板麦克·鲁（Michel Roux）很喜欢瓶身的独特造型，于是酒瓶设计便维持原样。

现在，就只需要找个令人难忘的方式来营销绝对伏特加。传统酒类广告是"酒瓶加酒杯"（内容大概不难想象），又或者走"生活风格"，照片上的模特儿在时尚宴会里满脸微笑。起初，广告公司的人想过要取笑瑞典天气，一张广告样板画着一个男人泡在冰层破口，再配上一句"瑞典人最爱这样冰冰凉凉"，图中一角放着一支绝对伏特加酒瓶。TBWA 的杰奥夫·海耶斯（Geoff Hayes）和格雷厄姆·特纳（Graham Turner）明白，光这样还不够。最先有进展的是海耶斯。有天晚上，他在一间简朴公寓悠闲打发时间，按照特纳描述，他的公寓里只有"一张床和一个马克杯"。海耶斯在画酒瓶草图时，在其中一支瓶子上头加了光环，并且写下："'绝对'，完美的伏特加。"隔天，特纳将这句广告词改得更简单："'绝对'完美。"

以"绝对"一词开头，再与另一词合成一句标语，这种做法成为后续数以百计广告的范本。早期广告通常以实际酒瓶体现人或事物，在"'绝对'完美"这款广告，酒瓶象征天使（或者说头顶光环的小淘气），到了"'绝对'优雅"，酒瓶得意地打着蝴蝶结，至于"'绝对'侧写"，则将瓶身侧转 90 度。

这些广告的一大优点是格调幽默。多款广告以轻松心态拿自家产品开玩笑，海耶斯一完成"'绝对'完美"，便明白自己玩的手法融入了连环漫画元素。伏特加酒瓶化身"天使"，和《凯文的幻虎世界》（Calvin and Hobbes）中的小凯文同样调皮。"'绝对'梦幻"也带有漫画风格，呈现内心想法的泡泡让酒瓶最深层的遐思显露无遗：倒满两只马丁尼酒杯，大享齐人之福。

当时在 TBWA 负责绝对公司广告业务的理查德·刘易斯（Richard Lewis），出了两本书谈论这段历程。他强调，消费者看了广告之后还得过一会儿才能领略。刘易斯跟我说："任何学问都得花些时间才懂。我们向来相信，这波广告战很重要的一面是把消费者当聪明人。首先是设个谜题或游戏把人吸引过来，等他们看懂了，就会觉得自己很厉害，对我们的印象也会更好。"他很清楚，绝对公司的广告对消费者是项挑战，甚至会把他们搞糊涂。谜题的线索不能太显而易见，顶着光环的酒瓶没标上"'绝对'天使"，"'绝对'优雅"也没写上"'绝对'黑色蝴蝶结"，一款又一款广告腾出了空间让消费者驰骋想象，有如伤脑筋的小小题目，解答却带有喜感。

读到这里，很值得各位停下来想想：如此简单的手法，成果却如此丰硕，真是让人想不透；而绝对公司的成功让人了解我们是如何面对模糊因子的。

＊　　　　＊　　　　＊

1949 年，两名哈佛大学的心理学家发表了一份重大研究报告。这份报告探讨人们怎么回应与预期抵触的情况，可以和绝对公司的个案相互参照。杰洛姆·布鲁纳（Jerome Bruner）和里欧·波斯曼（Leo Postman）觉得，人类的感知，以及更广义来说是对世界的理解，并非全然被动。当时的主流理论是把人的心智当成计算机，仿佛"输入"不同信息后，人脑就会套公式来回应。直到今天，此一见解仍挥之不去，散见于各种心理科学领域。布鲁纳与波斯曼则大唱反调，认为人类建构意义时主动多了。两人设计了个方法来验证猜测：利用一副花色红黑颠倒的扑克牌。

一开始，布鲁纳试过请一家美国公司来生产花色颠倒的扑克牌。他还特地用哈佛大学的信纸写信去问，以免被当作想在赌场使诈的老千。不过，尽管他用意良善且竭尽全力，该公司仍不愿帮忙，布鲁纳之后回忆起来说："这家公司真浑蛋。"最后，他因为和诗人艾略特（T. S. Eliot）的小姨子一起上绘画课，便找她陪同到一家美术用品店购买颜料，亲手制作耍了花样的伪扑克牌。

乍看之下，花色颠倒的牌模糊难辨。红桃看上去也许像黑桃或红心，黑心也许像红心或黑桃，诸如此类。布鲁纳和波斯曼猜想，短短一瞥，会产生彼此抵触的判读。他们要实验受测者辨识眼前闪现的扑克牌，描述见到的花色。正常的牌混入了不应存在的花色：红桃、红梅、黑心、黑方块，每张牌首先闪现 0.01 秒，再逐渐延长至 1 分钟整，或者到受测者辨识出正确花色为止。

起初，96% 的受测者将伪牌看成正常的牌，他们看见预期会有的花色，不认为会出现异常牌面。有人将黑心三说成红心三，说了 16 次；另一人将黑心三说成黑桃三，说了 24 次；还有一人也说成黑桃三，说了 44 次。两位心理学家发现，受测者平均花 28 毫秒辨识出正常的牌。一看到牌，数字与花色就几乎脱口而出，要辨识伪牌，得花 4 倍时间。即使扑克牌闪现整整 1 分钟，仍有 10% 的错误率。

布鲁纳与波斯曼察觉，当某些牌闪现较长时间，受测者似乎就会犹疑于两相异判读之间。看看若干受测者如何描述牌上红桃与红梅的颜色：

棕色。

黑色混红色。

黑色带红边。

红光下呈黑色。

紫色。

黑色，但某处带点红。

铁锈色。

黑色偏铁锈色。

黑色，牌面有点红。

橄榄般的浅褐色。

红色，略带灰色。

初看有点红，随后变黑。

棕色，略带黑色。

朦朦胧胧有点红。

偏黑色，又不完全是。

黄光下呈黑色。

    过程中，有 50% 的受测者迟早会陷入认知困境。就算多少发现了异于常规的伪牌，感知仍无法如相机般精准运作。现实遭曲解、不断重构，以便与根深蒂固的预期相吻合。一旦怎么样都答不对，却还是得描述所见花色，有不少人便会因为伪牌模糊难辨而感到极为不快。有名受测者在看过红桃牌面后说："我管那牌是啥花色，反正看不出来，那张牌看上去甚至不像是牌。现在，我不知道那牌是啥颜色，也不知道是桃形还是心形。天啊！这下我连桃形长什么样都不确定了！"

另一位受测者一样心烦意乱："我现在要能知道那牌是红色还是什么才有鬼咧！"57% 的受测者都有同样的反应。

布鲁纳与波斯曼揭露了人心会自然而然倾向掩盖异常，而且人在承受压力时很讨厌模糊。在这个例子里，压力来自于施测者要求受测者描述牌面，实验的压力使得伪牌引发让人不悦的心理冲突。（绝对公司的广告没引起反感，多少是因为广告受众并未受人观察或评估。）概括来说，布鲁纳与波斯曼鲜活阐明了人的心智如何自动填补信息空缺以解除矛盾，而先入为主如何活生生扭曲了个人体验。

要想理解事物、拟订计划、采取行动，先入之见至关重要。每一天，我们都不自觉依赖对周遭世界的小小推断而行动，这些推断可以想成是物品、事件、人、行为两两之间的因果联想，而这些联想会引导我们的行动，例如，开车时遇到红灯，就预期车子会停下；打开厨房水龙头，预期流出来的会是水而非啤酒；假定加班最终会导向加薪；相信扑克牌该有的花色是黑桃而不是红桃。经人为推定的关系愈是稳固，我们愈会不假思索将之套用到各种情境下。这就是为什么布鲁纳与波斯曼的受测者会将红桃"看成"黑桃或红心，扑克牌的标准样式深植于受测者内心，他们不用真的看就能认出花色。

谈起预期会扭曲感知，最离奇的例子莫过于 1976 年首度发现的所谓"麦格克效应"（McGurk effect）。请想象在一段无声影片中，有对嘴唇发出音节"va"，若将影像与音节"ba"的发声同步，则眼睛所见会主导耳朵所听。要是看着双唇，实际听到的会是"va"声；阖起两眼后，就又会听见正确的"ba"声。我们预期音节声和嘴唇动作一致，这股预期强烈到影响了听到的"声音"。[1]

下面再举一例证。此例中，我们一方面意识到问题所在，另一方面又不知不觉间解决了问题。

Aoccdrnig to a rscheearch at Cmabrigde Uinervtisy, it deosn't mttaer in waht oerdr the ltteers in a wrod are, the olny iprmoatnt tihng is taht the frist and lsat ltteer be in the rghit

---

1 起初，哈利·麦格克（Harry McGurk）和约翰·麦克唐纳（John MacDonald）是无意间发现此效应的。麦克唐纳告诉我，音讯技师之所以没察觉，是因为播放音讯时，他们正低头看着混录仪器。麦格克与麦克唐纳原本预料其他人会注意到影音不一致，因此麦克唐纳一开始还以为是技师没把音节发音与嘴唇动作对准。——原书注

pclae. The rset can be a taotl mses and you can sitll raed it wouthit porbelm.

（根据剑桥大学的研究，无论一个字所含字母为何，要紧的只有开头与结尾正确。就算中间一团混乱也不碍事，你仍然读得懂。）

很神奇，对吧？这最先其实是骗人的把戏，如今在学术论文称作"剑桥大学效应"（the Cambridge University effect）。上引拼法错乱的文字于 2003 年在网上流传，但剑桥大学从未做过此项研究，变把戏的人倒是很有说服力。

我们理该感谢大脑如此运作，而大脑也必须如此运作。日复一日，人类接收太多信息，没办法事事明察秋毫，逼不得已只能以偏概全。心理学家乔丹·彼得森（Jordan Peterson）说："人生的根本难关在于生而为人这回事太复杂，教人应付不来。"为了迈步向前，人得时时阻挡知觉洪流，而且就像彼得森说的，还得将与目标无关的"大片信息连根拔除"，他称赞这项心智能力是"化繁为简，创造奇迹"。想驾驭如洪水袭来的信息感知，唯有预先揣度将来的遭遇，然后不假思索顺从种种初步推想行事。广义来说，这些推想便是人对这世界的信念。

美国作家弗兰纳里·奥康纳（Flannery O'Connor）写道："信

念即是让感知得以运转的引擎。"各种预期与假定——不管是宽宏大量也好，无情冷酷也罢；充满希望也好，悲苦哀愁也罢——不停弯折、扭曲我们所见的世界。我们也正是以此来应付心理学家威廉·詹姆斯（William James）所说，人生那"繁盛、忙乱的庞然骚动"。我们不断减少模糊难解的境况，转为明确肯定，而一般说来，这整套模式运作良好。绝对公司的营销战果所显示的是，人类心智谋求定论的冲动极其强大，而且根深蒂固，光是逗弄我们惯有的联想、暗示哪些关联遭遗漏，就能将酒类广告转化为吸引人的小小谜题。

＊   ＊   ＊

1953年，伦纳德·斯特恩（Leonard Stern）为电视情境喜剧《蜜月客》（*The Honeymooners*）撰写剧本。某天，在那间能俯瞰纽约市中央公园的公寓里，斯特恩茫然坐在打字机前，努力想着该怎样形容剧中人物罗尔夫的老板长着什么样的鼻子。斯特恩日后回想起来，说他有半个小时"在陈词滥调里打滚"。

斯特恩最好的朋友罗杰·普莱斯（Roger Price）顺道来访，两人正合力创作一本漫画书叫《别给小孩取啥名》（*What Not to Name the Baby*）。斯特恩向普莱斯保证，说再等他一会儿，就能一起构思漫画内容。

普莱斯回嘴："最好是，你现在是'史登专属咬文嚼字'状态，我有好几个小时可等啰。需要帮忙吗？"

"我需要词汇形容……"

"笨手笨脚、一丝不挂。"

斯特恩笑了出来，这下子，罗尔夫的老板长了个"笨手笨脚"或"一丝不挂"的鼻子。斯特恩后来细述："用上'笨手笨脚'和'一丝不挂'，是恰到好处地不恰当。这两个词汇和所形容的东西搭配，听起来有点奇怪，却引人发噱。"普莱斯也觉得这么搭配很好玩。

接下来一整天，两人并未罗列给孩子取了之后会后悔的名字，倒是写下几篇移除了关键词的故事，以便在该晚派对测试新发明：要其他人想出特定词性的词填补空缺，然后将完整故事念出来。又过了 5 年，他们才为这游戏想出适当名称。1958 年，两人于纽约沙迪餐厅偶然听到某经纪人与演员的对话。演员已决定要在面试时即兴发挥（ad-lib），但经纪人说，这是个蠢（mad）主意。

"发蠢即兴"（Mad Libs）自此诞生。这款给孩子玩的填词游戏简单得要命，玩过的人或许还记得，得在空格里填入名词、形容词、副词、身体部位、感叹语、蠢话或动物名称。下面简短例子可供参照：

将好酒□□□（副词）端上桌，能使用餐场合十

分□□（形容词）。红酒有种□□□（形容词）风
味，适合搭配水煮□□□（复数名词）或烟熏□□□
（名词）。

填好的句子会像是："将好酒快快乐乐端上桌，能使用餐场
合十分飞快。红酒有种紫色风味，适合搭配水煮长裤或烟熏马路。"

这种游戏怎么可能大受欢迎？哪里好玩？这可不是随便提
问。"发蠢即兴"已成庞大文化现象，现在看起来，让读者填入"恰
到好处的不恰当"词汇，编织成小故事，显然是个好主意，能转
化成热销产品。可是，真的这么理所当然吗？

当时的情况并非如此。与斯特恩和普莱斯合作的出版社不认
为"发蠢即兴"适合编成书籍，反而建议两人和游戏公司洽谈；
两人与游戏公司接洽，但该公司不觉得"发蠢即兴"适合制成游戏，
倒猜想出版社也许会感兴趣。到最后，他们只好自行出版。

为了推广书籍，斯特恩请知名电视主持人史蒂夫·艾伦（Steve
Allen）在节目开场白融入"发蠢即兴"手法。该节目在星期日晚
间播出，收视率名列前茅，而斯特恩正好负责节目脚本。艾伦在
介绍喜剧演员鲍勃·霍普（Bob Hope）出场前，会请现场观众提
供霍普生平简述里缺的词："现在登场的是闪闪发光（scintillating）
的鲍勃·霍普，成名曲：《感谢你留给我共产党人》（*Thanks for*

the Communist）。"[1]

《发蠢即兴》成了畅销书，销售超过 1.5 亿本。若通盘比较，大文豪狄更斯的《双城记》是史上一大畅销小说，销量超过两亿本，《魔戒》的销量则同样超过 1.5 亿本，《发蠢即兴》系列合起来，可以跻身书籍出版史的上流阶层。

这有点奇怪，不是吗？斯特恩和普莱斯到底是无意中碰上了什么宝？人为什么会喜欢填空，而且还被"恰到好处的不恰当"词汇逗得发笑？

1970 年，瑞典心理学家果伦·诺哈（Göran Nerhardt）正在构思幽默的本质为何，并逐步开展论点。用生硬的学术语汇来说，他假设"人发笑的倾向是出于所感知的事态背离了预期"。换句话说，就是《发蠢即兴》故事里那类古怪的词语搭配。我们预期葡萄酒有"水果风味"，如果填成"紫色风味"就会很好笑。

为了检验这个通论，他设计了一项实验。受测者事先并不晓得实验的真正目的，诺哈只请他们闭上眼睛、伸出手，而施测者会递上一个个砝码，让他们判断砝码是轻是重。随答案不同，施测者会追问砝码是非常轻、很轻、算不上很轻也算不上很重，或者非常重、很重、算不上很重也算不上很轻。砝码重量由 20 克

---

1 由观众提供的词是"scintillating"和"Communist"。原曲是《感谢你留给我回忆》（*Thanks for the Memory*）。——原书注

至 2700 克。

施测者首先让受测者习惯重量变化有限的情况。等受测者多少知所预期，施测者便会递上与预期有离奇落差的砝码。例如，某受测者拿到的砝码起初分别是 740 克、890 克、1070 克、1570 克、2700 克，接着却换成 70 克。诺哈发现，受测者一察觉重量不对劲，不寻常的事就发生了，他们笑了出来。而且不止这样，这突然到手的离奇砝码，重量和先前差别愈大，受测者就愈会傻笑个不停。另一位研究幽默心理的学者迈克尔·卡奎奇（Michael Godkewitsch）也提到类似效应：形容词与名词的搭配愈奇特，受测者就愈觉得好笑，是以，"火辣诗人"比"睿智鸡蛋"好笑，"睿智鸡蛋"比"快乐孩子"好笑。

让《发蠢即兴》有趣的因素，诺哈和卡奎奇似乎已有了线索，但诺哈或许也意识到全貌不只如此，毕竟，幽默不可能那么简单，对吧？其实，诺哈之后将离奇砝码的实验搬到实验室外，却遇上挫败，颇值得深思。他在瑞典的斯德哥尔摩地铁站重做实验，以消费者调查的名义，请来往行人提起装有不同砝码的手提箱。当受测者提起比预期轻得多或重得多的手提箱……什么事也没发生，没人觉得有趣，也没有人发笑。曾出书论及幽默心理学沿革的心理学家罗德·马丁（Rod Martin）认为，两项实验的关键差异是地铁站通勤者对实验的预设心态不同。

马丁解释："在地铁站，乘客不是正要下车，就是正要上车，说不定还是在上班途中，这时，他们认真地沉浸在自己的思绪中。而实验室的受测者晓得要参加心理实验，比较可能会想：'做实验的人干吗给我重量明显不一样的砝码，还问我砝码有多重？怪怪的喔。'"后者已经有心理准备，要参与严谨的科学实验，却碰上愚蠢的把戏。这便是趣味所在，受测者笑的是整个实验的概念。但在地铁站，受测者并无疑惑待解，重量不对劲的手提箱固然出乎意料，却无任何意义。

可以肯定的是，"意料之外"对《发蠢即兴》的幽默而言极为重要。不过，要让奇特的词汇组合真能逗趣，这份意外就得有意义才行。的确，"紫色风味""快快乐乐端上""场合飞快"读来稍显奇怪，但脑筋转一下，就都解释得通。小孩子也许会形容葡萄汁有紫色风味，醉汉会把酒快快乐乐端上，酒醉会使傍晚时光跟着加快脚步。不难想象，在相隔不远的另一个宇宙，会有个怪里怪气的餐厅酒侍说，从意大利芭芭莱斯科酒闻出了一丝"水煮长裤"或"烟熏道路"的气味。

许多笑话都依循相似规律。举例来说，想想如下笑话的元素："世上只有三种人：会数数的人和不会数数的人。"一开始，我们预期听到三种类型。（如果晓得这是笑话，我们会猜第三种类型是笑点所在。）接着，我们有点意外，竟没听到对第三种类型的描述。最后，我们找到别条规律来解释意外：说笑话的人不会数数。下列是旅客在国外读到的句子。请边读边思索前述每项元素：

- 瑞士餐厅的菜单：本餐厅的酒让您无可留恋。
- 布加勒斯特饭店大厅：饭店电梯明日全天维修，届时您会让人无法忍受，尚祈见谅。
- 挪威鸡尾酒酒吧：女士请勿在内产子。
- 哥本哈根航空公司售票柜台：本公司会将您的行李四处乱放。
- 法国饭店电梯：请把您的价值观交柜台保管。
- 雅典饭店：顾客抱怨时间为每日早上9点至11点。
- 瑞士山中旅馆：今日特餐——没冰淇淋。
- 罗得岛裁缝店：订制夏日衣装。因订单量大，本店将完全按顺序处决顾客。
- 日本饭店空调使用手册：兼具冷暖功能；若仅

需供暖，请自我控制。[1]

一开始，我们猜想上引标示或说明想表达：本餐厅的酒会让您"别无可恋"；电梯故障维修，"无法载客"；请勿"偕孩子进入酒吧"，诸如此类。接着，预期句意与实际句意并不吻合。最后，我们"能够"理出"恰到好处的不恰当"解释，并想象各句呈现出生机盎然的卡通化天地：酒客大失所望、饭店顾客脾气很坏、妇人在酒吧产下孩子，真是成何体统。句中幽默有赖于字词歧义，同样的措辞可以理解成"无可留恋"或"别无可恋"（nothing to hope for），可以理解成"产子"或"偕子"（having children），同样的词可以意指"无法乘载"或"无法忍受"（unbearable），只要读者发现套用字词另一层含义也说得通，就读得懂笑点了。

接下来再举一个例子。由本例可清楚看出，幽默有赖于揭露原先被忽视的模糊因子（双关语）。

---

1 这几句标语都是利用文字的多义来玩的文字游戏，前三句内文中已有解释。售票柜台："送往四面八方"（send them in all directions）是说让行李伴着旅客走四方；饭店电梯："价值观"（value）也可以指贵重物品；饭店："顾客抱怨时间"（expected to complain at the office）是指受理顾客申诉时间；山中旅馆："没冰淇淋"（no ice cream）也可拆开来指不添加冷藏奶油；裁缝店："处决顾客"（execute customers）是说执行顾客的要求；空调："自我控制"（control yourself）则是请顾客自行调控。

（一）

甲：叫出租车。

乙：出租车。

读到这段对话，你预期的回应会是"没问题"或"我这就帮您叫车"，但实际回应与预期相违背。等回头注意到首行很模糊，还能表示要对方喊出"出租车"三个字，笑点就清楚了。下面是另两个不同版本。

（二）

甲：请帮我叫出租车。

乙：出租车。

（三）

甲：叫出租车。

乙：好的。

第二版让首行变得明确之后，整段对话仍然很怪，但和诺哈的地铁实验一样，既不好笑，也根本无从理解。第三版回复了一语双关，可是双关语无法奏效，因为模糊之处并未展露出来。对幽默有专门研究的麦吉尔大学学者拿上述例子与近似版本来测试一年级生、三年级生、五年级生、七年级生，年纪最小的那群觉得版本一和版本二都很好笑，三年级以上的学生最喜欢第一版。年纪较大的孩子偏好挖掘字里行间的含义。

心理学家霍华德·波里奥（Howard Pollio）和罗德尼·莫斯（Rodney Mers）写过，笑声"比较像是有所成就后的振臂高呼，而非眼见矛盾时的感叹惊讶"。就双关语及笑话而言，笑声证明了人类亟欲建构意义的心智能够发挥多么惊人的力量，而这个过程包含三个阶段：预期、惊讶、发现解谜的方法，三者几乎是立即同时发生的。当然，并非所有幽默都通过这样的方式发挥魔力，解答也未必隐身在内藏的双关语，单人喜剧演出、戏仿、讽刺图文、日常幽默、闹剧通常遵循不同规则，但人会呵呵而笑，都是因为我们探索隐含意义的趣味，因为我们在通常会忽视的小地方发现了意外的巧妙关联而开心。

幽默有个迷人之处，我们从中发现人的心智如何填补信息空缺、解决矛盾、简化超级复杂的日常生活，人类如闪电般骤下假定的弱点，在幽默的逗弄下暴露无遗。

*   *   *

1998 年，知名主持人比尔·科斯比（Bill Cosby）在哥伦比亚广播公司主持《听小孩说话最要命》（*Kids Say the Darndest Things*），该节目的构想是让科斯比在舞台上访问小孩。为了把小小受访者哄出最逗趣的表现，科斯比发展出好多高明策略，其中一个方法是问一些概念把孩子难倒。例如下面这段他和 5 岁大的克姆特对话：

> 科斯比：我被割伤了（给小男孩看一下手指）。看到了吧？割伤以后该怎办？
>
> 克姆特（毫不犹豫）：涂点药膏，再贴个绷带，割伤就会跑掉。
>
> 科斯比：跑哪儿去？
>
> 克姆特：跑，嗯，跑……跑进（指着手指）……血液。
>
> 科斯比：接着又会跑哪儿去？
>
> 克姆特：跑到别的国家。

观众笑了出来。科斯比先让克姆特的点子逗乐观众一阵，再善加发挥。（"你想我的割伤会跑到哪个国家？""呃，中国。"这会儿，克姆特意识到笑点，也微微一笑。）想想，对话中的喜感和《发蠢即兴》的幽默何等相似，克姆特的应答近乎脱口而出，却答得离谱，而观众的笑声不带恶意，因为克姆特的失误让另一种可能的解释鲜活起来。科斯比的节目能大为成功，最确切的因素是小孩子用来说明周遭世界的逻辑妙不可言，延伸说起来，我们每个人都一样。说句公道话，克姆特开头解释时说割伤愈合后"会跑进血液"，其实算不错了，不妨参照一下其他 5 岁孩子的逻辑：

> 提问者：是什么东西制造了风？
>
> 茉莉亚：是树。
>
> 提问者：你怎么知道？
>
> 茉莉亚：我看过树的手摇呀摇。
>
> 提问者：树摇摇手怎么就有风？
>
> 茉莉亚（在提问者面前摇起手来）：像这样。可是树的手比较大，而且有好多好多。

　　提问者皮亚杰（Jean Piaget）是瑞士著名的哲学家兼心理学家，他的研究方法就包括访谈幼童，而他有许多提问结果和科斯比的节目效果很相近，非常有趣。麻省理工学院的数学家兼教育家西摩尔·派普特（Seymour Papert）说："皮亚杰是最先严肃看待孩童思考的人。"

皮亚杰发现，小孩子常会衍伸对世界运作的既有观念，好理解神秘现象。事物不见之后会跑哪儿去？会跑到别的国家。风怎样形成？就和舞动双手会激起微风是相同的道理。皮亚杰称这种推论为同化（assimilation）。例如，小孩子假定会动的东西必然是活的，他们通过观察动物建构出自己的世界，便认定行动与生命之间存有关联：如果东西能自行移动，就是活的。除了动物，其他会动的事物也与此构想同化。太阳、月亮、风都会动，也就和动物一样，必定有生命。甚至，人走到哪里，太阳与月亮便会如爱犬般跟到哪里。树木摇手生风、割伤迁移至未知地带，也是这种类推思考的产物。有个小孩就说，风有感觉，"因为风会吹"；水有感觉，"因为水会流"。而一名 6 岁孩子被问到何谓存活时，清楚回答："能独自走来走去。"皮亚杰指出，人对世界都有一套心智模型（mental model），即他所说的"架构"（schème），并将之套用至新情境或不了解的事物。通常这样做很妥当：家里那个水龙头怎么用，饭店房间内这个水龙头大概就怎么用。

可是，复杂的思考需要更大弹性，孩子遭遇与经验不一致的情况，有时也会调整对世界的认识，皮亚杰把这样的反应称作调节（accommodation），这时他们会依新信息而改变自身想法，但一开始，通常是将与经验冲突的情境孤立起来。比如，有个男孩听到别人说枯叶肯定死了，便反驳："但是风一吹，叶子就会动！"

叶子会动，而能自发移动的东西是活的，这会儿他却得知抖动的树叶是死的。他原本假定行动等同于生命，现在这假定受到直接的挑战，他可以努力否认新信息，又或者判定并非一切"靠自己"移动的物体都是活的。皮亚杰一名10岁大的受访者到最后便承认，月亮和他想象的不同，不会四处走，也不会追着人后面跑。[1] 尽管如此，这个孩子仍可能在"同化"与"调节"间进退不得，一边相信太阳跟着他，一边又微微意识到这是错觉。皮亚杰写道，这孩子"尽全力要避免矛盾"，从而得到如下推论：也许"太阳不动，但太阳光会随着人动，或者太阳留在原地，但会转来转去好随时照看着人"。总之，他很积极想消除犹疑。

我们很容易避免思考或封闭思路，以免思虑无止无休，这或许是天择的结果。人正是因此才得以停止思考，继续过日常生活。无论如何，总有必须决断的时刻。我们需要化繁为简的能力，这表示我们天生就能依据有限信息建构印象，我们必须能够凭借刻板印象识人、以既有原型识物。谋求定论的冲动对我们很重要，能帮助我们处理复杂情境，还有助于学习，皮亚杰也明白这点。厘清模糊因子让我们知道如何行动、累积知识，我们希望事物运作的逻辑一致，好达成目标。

---

1 说句公道话，人确实会有太阳与月亮相伴左右的错觉，而这是因为其他地景的运动相对快速。皮亚杰提到，由月亮造成的错觉更有说服力。——原书注

　　《发蠢即兴》一书大卖，多少是因为孩子很喜欢犯傻的事和让人震惊的事，但这无法完全解释《发蠢即兴》带来的乐趣。我们会被逗得发笑，也是因为发觉了多彩多姿的新意蕴。正如伦纳德·斯特恩的呵呵笑声，是因为发现"笨手笨脚的鼻子"别有意义；绝对公司广告的成功，也不仅是呈现酒瓶的手法很奇特，更包括让我们在脑子转了弯后眼界大开。而《听小孩说话最要命》这个节目的成功之处，是让我们看见孩子如何将天真的假定与想象天地，投射到令人难解的现实世界，其实我们所有人都一样。

　　"用瑞士刀来比喻，"研究幽默心理学的洛德·马丁说，"人的大脑就有如瑞士刀，工具一应俱全，能够处理信息、理解世界，而幽默便是将这些工具拿来耍着玩。我们把工具颠倒过来，和平时用法大不相同。"大脑总是习惯骤下判断、抹除模糊因子，而我们就利用这点耍把戏，因而发笑。人的心智自有方式应付毫无条理的情境，谜题与幽默正可说明我们与这种方式的关系。演化仿佛赐给人强力的磁石，将杂乱的世界引导至清楚明晰的方向。我们有时会找些伤脑筋的小小难题来锻炼这样的心理机制，有时也会在心理机制犯蠢时大笑取乐，真好样的。

＊　　　　＊　　　　＊

　　20 世纪 80 年代，绝对公司的竞争者苏托力面临形象问题。

1983 年，苏联意外射落一架冒险飞入其领空的韩国客机，死亡人数超过 250 人，一名美国国会议员也不幸罹难。1984 年，苏联抵制洛杉矶奥运，理由是"反苏反到歇斯底里"。绝对公司趁对手不走运，在 80 年代后期把原已知名的广告战打得更加浩大，并将某些广告中的实际酒瓶移除，在概念上跨出重大一步。

80 年代末及 90 年代的广告，广告焦点不再是实体酒瓶，而是清楚呈现具代表性的酒瓶形状或稍作掩饰。一款"'绝对'波士顿"广告，将夜空下港口漂浮着的数十只箱子排成一只酒瓶；在"'绝对'费城"里，美国建国先贤富兰克林的老式眼镜经细致的重新设计，于鼻梁处相连的镜片形如酒瓶。大多数广告仍保有向来讨喜的那一丝近似戏仿的幽默，有些则在图像上意带双关，逗引着人所预期的关联上钩，还有些以"大家来找碴"的形式，让人找出酒瓶形状在哪里。

即使在广告战早期，绝对公司的酒瓶造型便深具代表性，让人一瞥便能不假思索认出，而且在心里想象着把酒瓶填满，就像布鲁纳与波斯曼的受测者很有自信，盯着红桃喊黑桃。不过"'绝对'珍品"这款广告，却因熟悉物品的观者会假定其样貌，而落了个让人啼笑皆非的下场：广告中的瓶身蓝色字体写成了"'绝对'伏特加"（Asbolut Vodka），罕见"珍品"的笑点在于刻意误植，可惜消费者习焉不察，误植无功而返，整款广告只好撤下。

第二章　同化或调节：
在困惑中探究新知

在荷兰蒂尔堡这一类欧洲城镇，可以看见奉公守法、举止有礼的居民在砖头人行道散步，画家梵·高小时候，便在这里正正经经上绘画课，天主教特拉普会修士在东边市郊酿造可口的"修道院啤酒"（La Trappe）。2012 年秋天，我一游蒂尔堡，前身为羊毛纺织厂的德彭当代美术馆（De Pont Museum of Contemporary Art）正举办印度艺术家安尼施·卡普尔（Anish

Kapoor）雕塑展，游客围着一个苍白的管状物，管口漆得血红；一面巨大的哈哈镜照映出上下颠倒的展厅；一具血腥大炮搁置着，炮口瞄准着厅内某个角落堆着的东西，既像肿瘤，又像打了一场凄凉战役的生化弹药弹壳。在镇上的中央车站，自行车形成一排排长龙，悬于墙面挂钩，沿托架整整齐齐停放，宛如洗碗机里的餐盘。

　　荷兰是心理学研究重镇，论文引用数与英、美、德不相伯仲。我到蒂尔堡是要一访社会心理学界的明日之星：蒂尔堡大学的崔维斯·普路（Travis Proulx）。他留着淡红胡碴，蓝色双眸炯炯有神，整个人生气勃勃，略显狂热。普路半开玩笑说，朋友会形容他是"很神经质、很外向"的人。他二十几岁的时候，一边在加拿大的英属哥伦比亚大学读书，一边在独立经营的录像带店工作。他咧嘴笑说："我以前在很多方面爱赶时髦，现在洗心革面了。"做人也好，做研究、写论文也好，他都直接坦率，让人放下戒心。

　　这几年，普路和另一位心理学家史蒂文·海因（Steven Heine）做了一系列出色实验，两人的目标是更加深入理解人面对疑难与模糊的事件时有何反应。在 2009 年的一项研究中，受测者得阅读 20 世纪极为难懂的一篇短篇小说：卡夫卡的《乡村医生》（A Country Doctor）。这篇超现实的故事描写一名医生受人请托，要到 10 英里外救治一名小男孩。大雪纷飞，医生没有马可以拉车。陌生男子带着马出现，并对着医生女仆的脸颊咬了一口。医生抵达病人住处后，原本不以为男孩有病，接着却察觉有处伤口爬满了虫，病人很快就要死了。村民剥去医生的衣服，做出无理的要求。医生逃走，故事便到此结束。

《乡村医生》描绘出梦魇般的世界。文学评论家亨利·萨斯曼（Henry Sussman）说，其实这篇故事"严格而论，从头到尾都算不上短篇小说。结局太不明朗，人物也过于模糊，读者想假装叙事有一丝一毫连贯都没办法"。然而，萨斯曼补充说，故事即使曲曲折折，"却全然不乏结构"，此中运用了谐和音与不谐和音等音乐理路。而普路与海因提到，依作家加缪的观点看来，卡夫卡的才能在于展现"最根本的模糊状态"："自然与超凡、个体与普遍、悲剧性与日常、荒谬与逻辑，在他的著作中处处可见在两端永恒摆荡，这些作品才有了意义，引发回响。"

出于实验所需，普路与海因准备了同一故事的不同版本。实验组中，涉及死亡的描写全遭删除，以免受测者分神思索人之必朽（其他研究已指出，这类心理要素影响力很大）。对照组的版本则条理连贯，按照标准叙事弧线开展。

受测者读完故事后，施测者便展示 45 行字母串，要他们抄下来。每行 6~9 个字母，全由 M、R、T、V、X 组成。受测者此时还不晓得，其中有模式可循，这套"人造文法"（或称"文法

A"）遵守着明确规则。接下来，施测者发给每人一张纸，上头有 60 行新的字母串，半数依循文法 A，半数依循另一套人造文法。这时受测者才知道先前抄写的字母串有某种模式，并且得在符合模式的新字母串旁打钩。

实验结果反映了条理不连贯多少影响了受试者。阅读超现实版本的实验组，打钩的字母串比对照组多出 33%，前者看出的模式更多，也更能辨认哪些模式与文法 A 吻合。值得一提的是，这是出自无意识的心理作用。受测者抄写文法 A 字母串时，并未刻意寻找特定排列顺序。然而，不知不觉间，阅读难懂版本的受测者对模式更为留心。

普路与海因的另一项实验则是要受测者和各人的"自我连贯"唱反调。受测者先回想发挥勇气的场合，再回想感到羞怯的场合。接着，他们要求部分受测者主张，两种回忆显示"两种不同自我"；剩下的人则必须主张，尽管回忆彼此冲突，"自我仍是连贯的"。接下来让受测者做前述的文法 A 活动，而两项实验的结果相互呼应：与自我连贯唱反调，会让受测者本身立场混乱，这组人辨识出的字母串模式较多。加拿大心理学家丹尼尔·兰德斯（Daniel Randles）也做过类似实验，让受测者观看一连串可能会让《发蠢即兴》书迷大乐的无意义字词搭配，"转化｜青蛙""很快｜蓝莓""果汁｜缝补""肚皮｜慢慢"等于眼前闪现，让他们想要从中找出模式。在另一场实验，受测者看的是雷内·马格利特（René Magritte）的画作《人子》（*The Son of Man*），画中是一人身披大衣，头戴圆顶黑帽，苹果遮住了他的脸。和较为传统的风景画相比，此画更让人觉得生活必须有秩序。

这些人到底怎么了？

原来，人在应对困惑难明的经验时，不只会像皮亚杰说的同化与调节。科学家还发现了别种隐秘的"A 开头"[1] 反应。

*　　　　*　　　　*

普路和我穿越蒂尔堡大学校园，走到了外观单调的心理系馆。从他的研究室能俯瞰平坦地景上的桦树，窗台有株盆栽，旁边是卡夫卡短篇小说的荷兰文本、古典乐 CD、名导伍迪·艾伦的《爱与罪》（*Crimes and Misdemeanors*）DVD、弗罗伊德的《文明、社会与宗教》（*Civilization, Society, and Religion*）、与瓶子分家的瓶盖、一卷磁带松脱的录像带、一册政治心理学书籍、一瓶未开过的宝露酒庄 2009 年波尔多葡萄酒、一本讨论哲学家齐克果（Søren Kierkegaard）的专著。

普路让我在书桌前坐下，然后开启计算机程序。他答应让我试试最近和加州大学圣塔芭芭拉分校心理学家布兰达·梅洁

---

1 皮亚杰所指的两项反应，原文拼法都是 a 开头（assimilation，accommodation）。

（Brenda Major）合作的实验，该实验将布鲁纳与波斯曼的纸牌实验做了些调整。普路解释，受测者填完背景资料后，会分配进实验组（屏幕显示花色红黑颠倒的纸牌）或对照组（显示正常纸牌），然后每看到一张纸牌就得指明牌面是单数还是复数。他还补充说，骑士和国王算单数，皇后算复数。说完，他就到走廊买咖啡。

　　屏幕显现红桃皇后，过了 3 秒，我点选了"复数"。接下来出现黑桃二、红心七、梅花国王，一开始我并未注意到梅花是红色的，接着我渐渐发现，在判断牌面是单是双的时候，我就忽略了花色。这显然是重点所在，整个实验的设计就是要让人对异常纸牌视而不见。要受测者指出牌面是单数还是复数，意在声东击西。说来有趣，虽然我很快就弄清楚有些牌动过手脚，仍无法看出所有动了手脚的牌。其实，普路也发生过同样的情况，他说，同事把在别的实验用过的花色颠倒纸牌扫描寄过来，"我那时想，这白痴，寄来的没一张有异常花色，全都是正常的牌！于是，我写电子邮件去骂。同事回说：'崔维斯，看看屏幕，上头有张黑心七。'"

　　普路和梅洁把布鲁纳与波斯曼的纸牌换上全新用途。两人以问卷要受测者回答，工作勤劳与否可不可以当作社会不平等的理由。接着，屏幕显示花色颠倒的牌，但他们忙着判定牌面单双，并未意识到花色有异，最后普路和梅洁计量他们对平权法案的支持度。那些相信不平等意味着不公的人，在看到伪扑克牌后，对平权法案的支持度更高。不知何故，看到异样花色让人对既有信念更坚定。必须再次强调，受测者并没有察觉到花色有异样，若有人注意到纸牌动过手脚，施测者就会请他退出实验。受测者没留心到牌面红黑颠倒，但这件事在无意识层面持续作用，让他们热切坚持与花色不相干的理念。

普路整个学术生涯都在研究，失序怎样促成看似全然无关的行为（无论这失序是呈现于超现实故事、自我矛盾这项概念、毫无意义的字词搭配，还是花色颠倒的纸牌），他致力于建立一套通用理论，好说明人如何应付不协调的情境。此一研究阐述了人努力在有意义与无意义、不明了与明了之间维持体内平衡（homeostasis）。研究过程中，他也促进了心理学家与其他领域学者的合作，努力构思出人类回应矛盾与威胁的总体模式。普路的研究有两大脉络：困惑如何激发人类追寻新的模式，又如何导向人类对理念的热烈肯定。这群人合力阐释了两者的确切关系。面临不明事态时，人会急着寻求新的连接，似乎和加强既有信念的概念正好相反，其实这两种反应在相偕演化、相互作用的认知系统中，是相继发生、不可或缺的一部分。

普路的研究奠基于皮亚杰的成果，也有赖于 20 世纪心理学界另一位巨匠：利昂·费斯汀格（Leon Festinger）。20 世纪 50 年代，在理解心理冲突上开创新局的正是费斯汀格。

*　　　*　　　*

1954 年 12 月 16 日，《芝加哥论坛报》有篇报道的标题很特别：《辞职在家，等候 12 月 21 日世界终结》。辞职的人是密歇根州立大学医院的内科医师查尔斯·赖夫海特（Charles Laughead）。显然，赖夫海特预期 5 天后的星期二会是世界末日。

密歇根州立大学校长约翰·汉纳（John Hannah）的对外说明是，赖夫海特仿佛很确定，在世界末日前会有飞碟将少数获选的人从佛蒙特某处山顶接走。赖夫海特在家里举行"教派"集会，惊扰了学生，汉纳于是要求他辞职。汉纳说，有学生甚至付了一辆凯迪拉克的头期款，原因是认为他不需要再付剩余款项，想趁还能享受的时候好好享受一下。

据汉纳的说法，赖夫海特爽快地答应辞职，"看上去好像只担心……本月收支会不会入不敷出"。（也就是说，在末日降临前不能没钱。）这会儿，赖夫海特已到了芝加哥和其他信徒会面。

在《芝加哥论坛报》报道隔天，《洛杉矶时报》登了一篇较为详尽的长篇文章，还附了两张照片：一张是赖夫海特穿夹克、打领带，样子很体面；另一张是一名 54 岁、骨瘦如柴的黑发妇人。

照片说明写着："来自伊利诺伊州橡树园的多萝西·马丁（Dorothy Martin）转述交付赖夫海特医师的外层空间信息。"看来，赖夫海特是靠马丁太太和外星人直接联系的。

细节还不止如此。其实，赖夫海特所预测的并非世界末日，而是殃及芝加哥及东西岸地带的大灾难。他预言水面下的亚特兰蒂斯大陆与姆大陆会再度浮现，北美中部将变成汪洋一片。马丁太太借由自动书写取得外星人来讯："这很难说得明白。总之，我的手发热，拿起笔就在纸上写了起来。"她还认为"飞碟"这称呼太粗俗，要记者改称外层空间飞船为"圆盘"。

同样在17日，《芝加哥论坛报》后续报道又揭露出更多信息。赖夫海特说："到了1955年，会死很多人，几乎所有人都会死。到时，除了大海啸和火山爆发，由哈德逊湾到墨西哥湾的地面也会一路隆起，重创美国中部。"

"世界很乱，这是事实，"他补充说明，"但'至高的存在'要来个大扫除，把现知的陆块沉到海底下，让海底下的陆块浮上来……大水将冲刷世界，少数得救的人会乘宇宙飞船离开地球。"到马丁太太橡树园住家一访的信徒不止赖夫海特。由11月中至12月20日，那里聚集了15名信众，有8名深信洪水将至。有些人采取极端行动，为此退学、辞职、抛弃家产。

马丁太太告诉众人，外星人会履行承诺，于17日在后院将他们接走，以免遭难。等日子到了却没有动静，信众将"假警报"归结为事前演习。急着想获知更多怪诞细节的记者经常打电话到马丁太太家里，整件事举国皆知，各色访客都到现场一观，马丁太太开始接到恶作剧电话。据《华盛顿邮报》转述，有人打电话邀请她到芝加哥某酒吧参加派对，一路狂欢到世界末日。马丁太太说："我近来接到的白痴电话就是像这样。想来，这种电话是免不了的。"《华盛顿邮报》进一步提到，"芝加哥的记者配备防水圆珠笔"，以应付即将来临的洪水。

20日晚间，赖夫海特等信众再度于马丁太太家中翘首企盼。飞船预定于午夜接走众人（看来不是在佛蒙特某处山顶），他们会刚好在洪水降临前被带走。这群挤在马丁太太家中的少数获选信徒，在日后记载中只以化名出现：马克·波斯特（Mark Post）自技术学院退学，还在向母亲伸手要钱；博德·伊斯特曼（Bod Eastman）读的是教育行政，在军中待过三年，很爱骂脏话，也很爱喝酒；阿瑟·伯根（Arthur Bergen）年约十五，人很听话，长得又苍白又瘦弱；伯莎·布莱斯基（Bertha Blastsky）原本在西北部小镇从事美容业。

晚间11点15分，马丁太太又收到外星人传讯，要他们准备好启程，信徒又紧张又期待。马丁太太早就打包好了记载外星人信息的"秘典"，要一起带上旅程。时间一到，最重要的是必须取下身上所有金属制品，显然在飞行圆盘里佩戴金属配件很危险，因此得小心翼翼卸除拉链、钩环、皮带搭扣、发夹。阿瑟·伯根把口袋剩的每条口香糖锡纸全剥掉。就这样，所有人都就绪了。

时近午夜，在马丁太太住家的信众并不晓得，同伴中有人别具心思。明尼苏达大学有一群研究者秘密混了进去，这群人个个装成信徒，为首者正是心理学家利昂·费斯汀格、亨利·瑞肯（Henry Riecken）、史坦利·谢克特（Stanley Schachter）。他们打算记录信众看到世界并未毁灭会作何反应，而记录的成果不只吸引人，也相当详细，一分一秒都不放过。

当晚，室内有两座钟，一座快了9分钟。快的那座钟显示12点5分时，混充信徒的研究者便指出午夜已过。每个人齐声说："不，不，慢的钟才准。还有4分钟。"当第二座钟宣示午夜过去，众人悄然无语。

> 没人说话，没人作声。人人动也不动，面容看似僵固，全无表情。只有马克·波斯特还动了一下，他往沙发一躺，眼睛一闭却并未睡去。稍后别人问他一句，他就只答一字，此外便静静躺着。其他人不露声色，但不久就明显大受打击。

　　信众最初的反应是全无反应，甚至在信念与冷酷现实间动弹不得。几个小时后，可怜的马丁太太"情绪崩溃，痛哭失声"，其余的人也没好到哪儿去。据心理学家转述，"现在，看得出来他们全都信心动摇，许多人几乎要哭了出来"。

　　等马丁太太又收到外星人的信息，已接近早上5点，灾祸撤销了。信众的善心让地球免于洪灾，芝加哥暂得喘息。其实，意大利及加州尤里卡早先曾遭遇震灾，在后来一连串访谈里，马丁太太提到，这几处地震"可能是大灾难的预兆，加州地震可以为证"。尽管有至上权能介入，灾难终不可免。马丁太太还预言，灾难会有如"夜间的贼一样"[1]。

　　接下来几天，马丁太太与赖夫海特努力维持信众团结。然而时间一久，马丁太太所传达的宇宙来讯难免接连成空，在她预测外星人会在圣诞夜来接他们却又失准后，赖夫海特处境尴尬，不得不和记者多做说明。据称，外星人指示他们边在人行道唱圣诞歌，边等候接送。可是，"外星弟兄"再度爽约。

　　　　记者：不是说外星人会来接你们吗？
　　　　赖夫海特：我没这么说。

---

1 出自《圣经·帖撒罗尼迦前书》第五章第二节："因为你们自己明明晓得，主的日子来到，好像夜间的贼一样。"

记者：那你们在街上唱圣诞歌是在等啥？

赖夫海特：这个嘛，我们在街上就是唱圣诞歌啊。

记者：喔，就只是唱圣诞歌？

赖夫海特：呃，要是有啥事发生，嗯，也没关系，你知道的。人活着，活一分钟算一分钟。我们遇过一些很奇特的事。再说……

记者：但你们不希望外星人把你们接走吗？据我所知……

赖夫海特：我们很愿意被接走。

记者：你们是愿意被接走，可难道不是"期待"被接走吗？据我所知，你说过预期会被接走，但外星人也许改变了主意，还说外星人做事很难预料。是这样没错吧？

赖夫海特：嗯，呃，我没看报纸，不清楚报纸上实际怎么写。

记者：好，你没看报纸。但那是你说的话没错吧？

按心理学家的说法，这段对话"混合了互不兼容、三心二意的否认、借口、立场重申"，可作为"典型"来看。其他信徒也是像这样"乱七八糟"解释外星人为何在圣诞夜没来的。

信徒大部分时间相当不自在，在皮亚杰的同化与调节两种反应间进退不得。既无从肯定信念全然正确，又不愿就此放下信念，转而认为大灾难不会降临。一如孩子知道太阳不会跟着人走，但坚持太阳光会，马丁太太的追随者晓得必须适应现实，却不想更改观点。

让费斯汀格与研究伙伴很感兴趣的是，这段心理上的中间地带有何副作用。特别是在灾难预言成空后，有两种好玩且值得留意的反应，日后，这些反应将在狂热末日先知与信徒的范畴之外获得证实。首先，心理学家注意到，马丁太太和信徒愈来愈容易怀疑来访的客人是外星人。预言接连失准，其实让他们更仔细地观察来访的人，也让访客看上去更是处处可疑。

> 在重大失准后，（多萝西·马丁）又做了别的预测……信众愈来愈容易将访客当成外星人……12月17日（首次）失准前的几个月，虽然也有若干访客被误认为外星人，此后却每天都有两三位打电话或来访的人被冠上"外星人"头衔……预言相继成空，他们内心挣扎，不知所措，到处寻找线索，从电视节目窥探外星人的指令，录下通话内容以便分析密语暗号，还乞求外星人克尽责任。

马丁太太的信徒既不能否认预言连连失准，又无法舍弃信念，否定她能接触外星人。这群人长期处在犹疑难定的状态，在搜索信念佐证的过程中日益渴望有模式可循。

再者，尤其就长期而论，费斯汀格与研究伙伴察觉，信众会转而从彼此往来寻觅支持。例如，12 月事件后几星期以来，原本从事美容业的伯莎·布莱斯基从信众的人际网络中找到慰藉，先前她独自面对预言成空，"日子过得很痛苦"，但 1 月 7 日与某些信徒聚会后便振作了起来，她形容这是祷告应验。"想来好笑，以前是别人靠我帮忙，现在忽然变成我需要别人帮忙。"她能巩固信念，并不是因为寻得新信息，而是身边围了一群志同道合的人。

当然，有些人最后承认，马丁太太终究无法与外星人有联系。阿瑟·伯根走的便是这条路。他在 2 月时受访，见解便有所修正："阿瑟说他对马丁太太再无信心，他仍相信有飞碟，相信有机会与外星人接触，但对马丁太太及其信念不抱指望。"伯根于 12 月 21 日清晨 2 点 30 分离开马丁太太住家，与未见履行的接送和即将到来的"洪灾"都只相隔几小时。他一去不回头。

$$* \qquad * \qquad *$$

费斯汀格、瑞肯、谢克特对此末日团体的研究于 1956 年出版，书名为《预言落空之时》（*When Prophecy Fails*），这本叙事报告全面描绘信众反应，而种种反应基本上有共同目的：稳定遭反证猛烈摇撼的信念体系。

费斯汀格借此个案研究进一步开展认知失调说（theory of cognitive dissonance）。"认知失调"如今已是经典术语，意指因两种冲突认知而起的不安感受，在这里，"认知"指的是见解、观念、渴望，或者对世界、自我、一己行为的信念。下列情境便会让人认知失调：一面渴求健康，一面又冲动想抽烟；即使预期会遭拒绝，还是与他人调情；纵然自认能发挥长才，却仍被开除。费斯汀格着重于探究信念与行为的冲突。例如，一个人不得不做了一件明知无趣的差事，之后又必须公开说些好话，会有何反应。他发现，受测者常常会让看法变得与过往行为一致，以避免不快，消除因心口不一而起的焦虑。目前，学界相关论文的发表数超过1000篇，在心理学所有领域里有关研究心态转变的理论中，证实认知失调的理论是最为完整的。

就费斯汀格来看，犹疑彷徨所带来的不悦，代表有矛盾待解。1974年，心理学家马克·赞纳（Mark Zanna）与朱尔·库珀（Joel Cooper）在学术论文《失调与药丸》（*Dissonance and the Pill*）中，为费斯汀格的看法提供佐证。两人告诉受测者，对 M.C. 5771 这款药物如何影响记忆很感兴趣，接着就让受测者服下药丸，还向一组人说吃了可能会感到紧张，向另一组人说吃了全无副作用。

其实，药丸不过是奶粉做的"定心丸"。再来，他们要受测者赞同与个人信念相左的见解，写一篇文章提倡应禁止在校园内借演讲煽动学生。差别在于，他们对某些受测者好言要求，对其他人则是指示明确。最后，让受测者填答问卷，以便评估这批人对排除极端演讲者的看法。

未受明确指示得写文章与自身信念唱反调的人，比较容易当着施测者的面赞同前述手段。这反映了费斯汀格的经典推论：如果做了心知是错的事而自觉应负责任，人有时会改变信念，以求立场与从前的举动一致。我们变更想法，以便"消弭"认知失调。

有趣的地方是，那些以为"定心丸"会让人紧张的受测者并未显现上述调节效应。这一组里，经施测者好言相求的人，在为文提倡禁止煽惑演讲后，并未于填答问卷时更改看法。若能解释因不安而起的不适，便不至于非得重新省视信念不可。人一旦能为生理焦虑寻得看似合理的原由（即使只是奶粉做的药丸），就会忽视自我矛盾。赞纳与库珀的发现被称为"生理激发的错误归因"（misattribution of arousal），这表示心理冲突所导致的生理不适会促成心态转变。结果是，只要能够解释焦虑的来源，像是因房里温度、通风，甚或灯光而起，追求一致的心理驱力就会停摆。

在赞纳与库珀的研究之后，认知失调理论引来多方角力。某些研究者质疑，费斯汀格会不会根本就弄错了。有派阵营主张，认知失调底层的真正动机是要维持正面的自我形象。另一派声称，费斯汀格的研究实际上与"自我防卫"（ego defense）有关。还有一派则强调，人会有冲动想始终如一，是为了避免不良后果。特别是在 20 世纪 80 年代，问题症结或多或少是检测失调所用的基准（如皮肤湿度的变动）并不可靠。到了 90 年代，研究者设计了更精细的手法和更利落的实验，来检证"自利"所扮演的角色。近 15 年来，神经科学所累积的实验与进步使费斯汀格的学说沛然再现，值得关注。今日的研究者已大步跨越费斯汀格早年的焦点，不再专注于钻研心态的改变，而更广泛探索见解、信念、行为、渴求、观念间的两两冲突。

2014 年，来自 7 所大学的 9 名研究者（普路也是一员）通力合作，撰写深入的学术论文。文中写道，有愈来愈多的证据显示，幽微的生理焦虑会让人在遭遇失序后更加急切想要重建秩序。不过，他们野心勃勃，不只是想让费斯汀格学说的若干元素还魂而已。

*　　　　　*　　　　　*

普路与研究伙伴以感伤的笔触详尽描述了人类心理研究如何"各执一偏"。研究者并未合力以理论概括全局，而是围绕着争议四起的实验效应，设想微观理论。此事层出不穷，结果罕有人去探索相关理论间的空白地带，而相同的心理现象常在换了个说法后就被当成新现象。

换成别的年代、别的领域，也可看见科学竞争所衍生的病态后果。接下来要提的例证涉及两名互为对手的化石猎人：爱德华·柯普（Edward Cope）与奥斯尼尔·马许（Othniel Marsh）。19世纪70年代，两人在美国西部挖掘出巨大的带角哺乳类化石与侏罗纪时期的恐龙化石。大量的庞然生物遗骸，包括剑龙与梁龙的化石，让世人前所未料、深感惊奇。可是，柯普与马许很讨厌彼此，他们竞争激烈，想率先为新物种命名，后人称之为"骨头战争"。自怀俄明、科罗拉多、蒙大拿、堪萨斯出土的化石很快就在分类后被视为新发现，而消息也随即公诸于世。涉入这场"混战"的还有另一名化石猎人，叫作约瑟夫·雷迪（Joseph Leidy）。麻烦在于，他们是将相同物种各自"披露"、分类后冠上相异名称的。[1] 光以柯普与马许的记录来说，单一物种就被"发

---

1 基思·汤姆森（Keith Thomson）于《乳齿象遗泽》（*The Legacy of the Mastodon*）一书写道："……1872年7月，怀俄明州最先有人起疑，结果还真没错：这三名竞争对手用的是同物种的古生物骸骨。马许有两种分类（dinoceras，tinoceras）其实就是雷迪的犹因他兽属（unitatherium）。雷迪自己和柯普也各有一种分类与此属名异实同（雷：uintamastrix；柯：loxolophodon）。这些犹因他兽属生物构成了马许的恐角目（dinocerata）基底。柯普另有一分类（eobasileus）与雷迪的分类（titanotherium）名异实同，该和雷迪的古雷兽（palaeosyops）同样划分为无角的巨大哺乳类动物雷兽（titanotheres）。柯普还有一分类（megaceratops），其实就是雷迪1871年所称的巨角犀（megacerops），也是雷兽。"——原书注

现"了不下 22 次。古生物学家大有斩获，但这三人的挖掘所得其实互有重叠。

现在，请想象在某学术范畴里，研究目标比前述化石更难分析，也就是经心理学家分类的人类反应。迷人的目标让研究者不只得发掘新证据，还得构思新解释，折腾人的语言问题使情况更加复杂：同一件事，可以用多样方式表述。艾迪·哈门·琼斯（Edie Harmon-Jones）与同为心理学家的太太辛迪（Cindy Harmon-Jones）于 2012 年写下：屡屡可见"社会心理学家只想把旧现象扣上新名称，借此成就名气……此领域本该奖励创新，却让旧酒装新瓶有利可图"。普路写得更不留情面，他在 2012 年与多伦多大学的迈克尔·英兹利特（Michael Inzlicht）共同发表论文，文中主张学界中人各执一偏，使得整个"领域多少呈反向发展。学术标签愈来愈多，以因应愈来愈多类似效应的愈来愈多的描述"。这就像普路、英兹利特和艾迪·哈门·琼斯在别处所写的："牛顿将万有引力理论换成了万物下坠理论。"

普路与研究伙伴提出，当前理论有很多仅是同一骨架的不同部分。若能以最宽松的角度设想认知失调，并以此为中央架构把各部分拼凑起来，就能显露出核心的意义建构系统。此系统所应对的是，可预料的一系列情境有了不协调的发展。

首先，某种状况、某项事件，或某样信息违背了我们所认定的秩序与和谐，实然与应然的搭配有了"失误"。下了雨，地面却没湿；你施力推门，门却并未顺应力道开启。但凡我们对世界的假定受到扰乱，脑部便会大为活跃，而警示"失误"的信息或许会浮上意识层面，或许不会，肾上腺素也将大量分泌。探知失误的过程牵连脑部不同区块，但前扣带回皮质（anterior cingulate cortex, ACC）似乎扮演了特殊角色。

即使秩序遭侵扰会带来好结果，这项心理学家所称的"人体警报系统"也会大鸣大放。2010 年，在加州大学圣塔芭芭拉分校与哈佛大学合作的实验里，拉丁裔受测者预期自己在社交场合会遭到歧视，虽然结果并没有，却仍然出现心血管承受压力的反应。心理生理学家温迪·曼蒂斯（Wendy Mendes）主导的另一场研究，则是让受测者面对一个小小的"错误"，听到亚裔美国人说话带有南方口音，受测者的反应竟像是遭受威胁。在 2013 年的实验，自尊心不强的人在收到负面反馈时血压变动较小。

到了第二阶段，我们会心怀焦虑、深自警醒。在此阶段，人的观察会更敏锐，迫切想寻得新信息。有鉴于其特色是提取出模式，普路与英兹利特便将此反应称为"萃取"（abstraction）。这时，我们极有冲劲，想自四周环境收集线索。普路与研究伙伴指出，"萃取"反应也许被当作克服难关、达成目标的工具，随时间逐步演化。请想象有只在寻找食物的老鼠闻到猫的气味，老鼠变得迟疑得多，也焦躁得多。这会儿，老鼠一面持续找食物，一面提升戒心，头抬起来嗅了一嗅，查看周围有无"猫"影。负责探知失误与萃取信息的神经网络叫作"行为抑制系统"（behavioral inhibition system, BIS），此系统若遭损害，老鼠就不能变更做法，解决麻烦。必须强调，在萃取信息时，心智会极为专注而紧张，很容易冲动。

一段时间过后，另一神经网络"行为趋向系统"（behavioral approach system, BAS）会接管人体，该系统与行为抑制系统一起演化，以处理心理冲突带来的焦虑。我们受其推动，转向特定观念与做法，减轻了不安，也满足了结论需求，皮亚杰所说的两项"A开头"反应接着牵扯了进来。例如，假设你看见一只白乌鸦，起先你有点意外，接着便更仔细观察，转而用比较上位的态度做出必要的决定。你可以同化这项经验，认定这只鸟是鸽子，也可以调整看法，承认世上存有患白化症的乌鸦。早期与普路合作过的史蒂文·海因跟我说，麻烦在于"同化经常不够彻底"，我们表现得像是很肯定眼前是只鸽子，但在无意识层面仍存有否定念头。于是，我们陷于与末日信徒类似的心理中间地带，一边假定能理解所见景象，一边又自觉一头雾水，进也不是，退也不是。要应付挥之不去的焦虑，方法之一是从来往的团体中寻觅宽慰，激昂地强调共同的信念。

普路与英兹利特把这反应称为"肯定"（affirmation）。此时，不管我们自身的信念为何，都会倍加热衷。普路的研究显示，有此反应的受测者在对异常纸牌视而未觉后，支持平权法案的态度更加强硬。而新近一份研究指出，提醒每个受试者人人终有一死的概念，心怀威权理念的人会更严厉评论移民，崇尚自由的受测者则响应较为正面。另一份研究发现，若自感难以掌控情势，人会更热烈表达对上帝与达尔文演化论的信心（只要演化论看起来可以预测）。我们流露"肯定"这项反应时，会转向现有的意义来源以求稳定，借此游向毫无威胁性的海岸。

研究者打着各自旗号，挑出同一心理之谜的相异部分，例如失误探知、战战兢兢、萃取信息、肯定信念，然后叙述其效应。普路与研究伙伴以"意志力耗尽说"（the theory of willpower depletion）为例，主张该说的佐证出于认知失调效应，很出名的一项实验是让受测者抵抗吃巧克力的欲望。所谓"耗尽"，实则是人在心怀焦虑、深自警醒时很容易冲动。

同理，也有各种理论来描述"肯定"反应的不同形态，普路所检视的其中一种便指出，要是一个人自觉难以主导眼下遭遇，便会特意声称对他种遭遇有所掌控。另一理论则说，如果目标遭到威胁，人就会坚定自己的价值观。同样是提醒受测者人终有一死，实验形态一改，结果就成了人会坚持信念。上述理论全有共通模式，而普路别出心裁，认为人所肯定的理念，有可能会和遭到扰乱的客观事实或信念天差地别。照他的说法，这叫"流动代偿"（fluid compensation）。有项极为奇特的实验，让我们知道人为了应付犹疑所做的自我调整可以多么空洞：受测者先是吃了意料之外的苦巧克力，之后便感到人生更有意义。

　　对模式的寻觅（萃取）及对信念的热诚表达（肯定）是一先一后的。所以，学者要是在实验时稍作延迟（约 5 分钟），就能轻易观察到"肯定"效应。普路发现，其实阅读晦涩的卡夫卡小说不只让受测者辨识出更多模式，过了一会儿，他们在另一场实验里流露出的民族主义心态也更为热切。无意义的字词搭配也有同样的效果。首先，受测者更加渴求模式，稍后换成别的实验，他们便热切声张信念。费斯汀格似乎对末日信徒下了相同的评断。短时间内，他们很焦虑地检视周遭环境以寻求新证据，后来又回过头从人际往来寻求支持。一份 2006 年的研究发现，光是握着爱人的手，就能让大脑的失误探知中心前扣带回皮质停工。

　　"说来奇妙，"普路说，"有好多人类行为被这相当基础的系统抑制住了。"据他估计，"缩减认知失调"可用来解释多达60% 的人类日常行为。（从宽认定"缩减认知失调"，可以解释成人在觉察到失序后，为求恢复秩序的种种努力。）

　　接下来我们看到，不相干的矛盾状况会影响人与模糊因子的整体关系，而且牵连甚广。本书第二部分将探索人如何应付每日生活的模糊情境，尤其是在深感压力，或者需要立即回应的时候。人在压力之下会迫切寻觅模式，并且固执地坚持信念，而这么做的后果极其重大。想要避免生活中澎湃的彷徨将人引入绝境，就得了解在艰困中应对模糊因子的心理机制。情绪失稳不必然会让我们的生活脱离常轨，一旦明白人怎么样会易于犯错、何时易于犯错，即使眼前是自然灾害造成的惊人惨剧，我们也比较容易处理犹疑的情绪。

PART TWO
HANDLING AMBIGUITY

第二部分
应对模糊

第三章　难以预知的灾难：
急迫感所产生的问题

1906年 4 月 18 日的旧金山地震是美国史上极其惨重的自然灾害。在这之后，发生了一连串不寻常事件。据传，震灾后流离失所的单身妇女新成立了"婚姻介绍处"，想寻觅良缘。有位威廉·珀金斯（William Perkins）先生听到消息，误以为介绍处设在"港湾医院"，便急急忙忙跑到那儿向值勤的年轻女士求婚。

"别因为我穿这样就瞧不起我，"柏金斯恳求着说，"我是铁道上的刹车员，没时间打扮。我在《使命报》上看到，有弗雷斯诺和西雅图的人登记申请，就跟自己说：'得把漂亮女孩全留在家乡才行。'所以，我一下班就赶过来了。只剩你一个吗？"

遭断然回绝后，珀金斯不减狂热，继续想找一名既能"合情合理享受人生"，又能"在一分钟内做好樱桃派"的灾民为妻，这名女性最好"体态娇小、一头金发"，却又不能"太过娇小、发色太金黄"，他的母亲会审核申请。住在圣迭戈的梅尔斯（J.M. Meyers）也求偶心动，写信给奥克兰市市长，要求帮他找一个肤色黝深、肯在农场过活的体面女士当太太。还有一名洛根毕尔先生（J. Loganbiel）放出风声，说要找的对象得"发色深褐、身材丰满、不畏辛劳"，具德国血统尤佳，他也愿意提供工作，酬劳每月 8 美元，若日后他自己的工资上涨，还会调到每月 16 美元。

起初，验尸官威廉·沃许（William Walsh）仅提报全旧金山有 428 人"在震灾及大火中惊吓过度而死"，会有这种误导视听的数据，原因是市府官员与商界利益团体害怕会吓跑投资者，使市区重建延宕下来。实则，罹难者总计不下 3000 人。圣安地列斯断层大幅断裂，里氏规模达 7.9 级，地面震动沿俄勒冈的科基尔而上，再往下至阿纳海姆，往东最远至内华达中部。泥沙地层受压而液化，大片土地顺着帕哈罗河及沙利纳斯河流动，自地面破口涌出的液态土壤沸腾冒泡，宛如具体而微的火山爆发。几十万居民无家可归，金门公园与旧金山要塞布满将就搭建的帐篷，大批灾民涌入，景况凄凉。据说，"有些人只带了个鸟笼，别的什么都没有"。整座城市有80%毁于震灾及地震引起的大火，其后3天，超过4平方英里的土地尽付一炬。

有人亲历震灾，形容地震"剧烈前后摆荡，间杂着突然的摇晃和吓人的旋转"。某位曾任记者的人写道，在45秒左右的主震期间，寂无人声，不闻尖喊，"仿佛男人、女人、小孩全都大受震骇，张口结舌"。街道崩裂，街车车轨向上弯折，"状甚丑恶……露出底下断口"。路石松脱舞动，好似平底锅里的爆米花。一名目击者说，电缆骤断坠地，"扭动嘶鸣，可比爬虫"。在海特街的动物展览场，雄狮如小猫抖颤，猴群瑟缩于一角。

然后，不到1分钟，地震停了。

震灾前，心理学家威廉·詹姆斯在斯坦福大学的宿舍里躺着还没睡，等"感觉到床开始摇动"，便离开住处，搭火车进城。

"我所看到的景象真是怪，"詹姆斯说，"全市人口都到了街上，好像蚁丘掀开之后，忙乱的蚂蚁急着救出蚁卵和幼虫。"

想追求另一半的人小心地漫步于断垣残壁间，有如新近无家可归的灾民想寻回别具纪念意义的物品。震灾后这段日子，结成连理的人数多于芝加哥史上任何长短相近的时期。依据郡书记办公室资料，从 4 月 18 日至 5 月 18 日，结婚的配偶共 418 对，比单一历月的最高纪录多出 18 对。旧金山婚姻事务书记葛兰·"丘比特"·孟森（Grant "Cupid" Munson）推估，若加上在公园由牧师证婚、尚未请领结婚证书的人，实际配偶数会超过 700 对。（有人提到，"若干为人证婚的牧师缠着孟森要婚姻登记的必备文件"。）4 月 28 日（即震灾后第 10 天）是阿拉米达郡有史以来婚姻注册部门最忙碌的一天，在这 10 天内，旧金山与阿拉米达郡多出 180 对配偶，超出正常值 4 倍。《路易斯维尔信使报》给这奇特现象下的评语是，佳偶"震"成。

《奥克兰论坛报》是这么写的："旧金山残破的市政厅有个逗趣场景，年轻男女慌张地在瓦砾碎石间穿梭，想找到核发结婚证书的部门。他们通常不愿透露搜寻目标，于是事倍功半。"有些人把计划已久的婚事提前，有些人分手后再续前缘，有些人初会于灾民营地，彼此一无所有。

有一对新人是在搭火车逃离旧金山时认识的，随后坠入爱河，在西雅图下车前便约定终生。还有一对则匆匆忙忙结婚，新郎墨堤·苏利文（Murty Sullivan）连新娘的名字都来不及问。地震过了 3 个星期，这小细节才在和书记的对话中见了光。

"尊夫人的大名是？"书记问。

"文件上有写。"苏利文答。

"我要问的是名字，不是姓。"书记追问。

"文件上有写，别的我就不知道了。"苏利文说。

"您求婚的时候怎么称呼尊夫人？"书记就是要问。

"这是我的事。"苏利文厉声道。

书记这才态度软化，把结婚证书发给墨堤·苏利文和"惠勒太太"（Mrs. Waler）。

灾后时光，非比寻常。

*　　　　　*　　　　　*

大约有 15% 的美国人一辈子会碰上一次自然或人为灾害，要是把挚爱横死和严重车祸等个人伤痛算进去，比例就会高到超过 2/3。在遭逢大难后，人会感受到心理学家荣尼·捷诺夫·布尔曼（Ronnie Janoff-Bulman）所说的"双份剂量焦虑"。第一剂反映了长久以来对个人安康的恐惧：忽然间，世界感觉起来并不安全。第二剂模糊的不安来自我们用来认知世界的有效模式遭遇险阻，而"概念体系"受到威胁，动荡混乱。在我们看来，世界不如过往安全，让人感觉事理连贯的种种假定也常常遇到挑战。

用捷诺夫·布尔曼的话来说，在伤痛过后，许多人必须面对的实情是："以前那个给人慰藉、由人所假定的已知世界消逝了，人得建构出新的世界。"由那批末日信徒就可看出，这差事一点也不直截了当。毕竟，他们可是好几天，乃至好几周都奋斗不休，想要解释预言何以落空，我们没办法说句"是时候重组世界观"就了事。人都必须努力应对创伤过后的情绪不稳，捷诺夫·布尔曼认为这就类似于科学家发现意味不明的新证据和理论抵触时所感到的挫折与焦虑。但人总得驾驭这股"强大的信息"，能理解人的心理怎样化解矛盾，特别是伴随着人身脆弱的无奈，能够让我们更了解百余年前旧金山那段往事。

我们经常一感觉受威胁，就更加渴求明确事理，2010 年有份研究显示，光是提起"9·11"事件，就会加强美国人的结论需求。在心理实验中，想探知人在经历威胁后世界观是否更为笃定，有个极为常用且可靠的办法：让受测者专注于人之必朽。话说回来，不一定是像死亡这么可怕的事，才会引发我们对明确事理的渴望，一件事只要挑战了人看待世界的方式，就足以提升结论需求，未必得有多危险。

例如，从外层空间观视地球似乎就能增强对明确事理的渴求。的确，航天员也好，其他放胆一游地球之外的人也罢，都在回忆中透露出本书前一章所探索的心理反应。身处太空，有些人追寻起对创世的新解释，有些人则对既有宗教信仰更具信心。两者都排斥犹疑，进一步采纳更坚定、更明晰的观点。记者弗兰克·怀特（Frank White）写了本书叫《鸟瞰效应》（*The Overview Effect*），全书都在谈外层空间体验。这本书采访超过 20 位航天员及其他曾有"宇宙飞行"经验的人，焦点是"人的知觉可能有怎样的变化"。

怀特将受访者对外层空间的类似反应详细记录下来。这批人包括阿波罗九号航天员罗素·施威克特（Russell Schweickart）、随艾德林与阿姆斯特朗上月球的迈克尔·柯林斯（Michael Collins）、最后一位在月球漫步的航天员尤金·赛尔南（Eugene Cernan），以及现为佛罗里达参议员的比尔·尼尔森（Bill Nelson）。他们不只对所见大感惊奇，还个个深受启发、有所领悟。许多人都语带着迷，提及相同的道德体悟：由外层空间回望地球，各国边界无影无踪，什么"非我族类，其心必异"，什么残暴的边境争端，只显得琐碎可笑。当然，并非所有航天员都对置身天外有同样的反应。有的人认为，这种经验反映的是有所预设，才会使预设成真，人们预期上太空会有强烈感受，会改变人生，于是上太空就真有这样的效果。有的人则说，地球之外的景象，看久了也就稀松平常。然而对很多心灵受触动的人来说，太空一游使人生有天翻地覆的转变。

2014 年，心理学家皮尔卡洛·沃德索洛（Piercarlo Valdesolo）和杰西·格雷厄姆（Jesse Graham）指出，模拟的惊奇体验能加强对明确事理的渴求。首先，两人播放 BBC 纪录片《地球脉动》（*Planet Earth*）片段，让受测者观赏令人赞叹的美景，包括宇宙、山脉、平原、峡谷。接着，受测者会看到一系列 12 位数的数码串，并且得判断哪些出于人工，哪些出于计算机。其实，所有数码串都是计算机随机数。可是，对自然景象大起敬畏的受测者会认为比较多的数码串有刻意人为模式可循。

即使观看太空景致是这等无害，结论需求还是会随之提升。而自然灾害除了令人惊奇，也威胁人身安全。由于牵扯的利害关系更大，模糊因子也更难应付。灾难过后，"明确的事物"很快便不可或缺。

*　　　　*　　　　*

1989 年 9 月 10 日，热带低气压在非洲沿海佛得角群岛南方发展成飓风"雨果"，"雨果"往西横越瓜德罗普与圣克罗伊岛，在行经圣托马斯岛后擦过波多黎各一角，于 22 日袭击美国南卡罗来纳的查尔斯顿。

在查尔斯顿北方的公牛湾，风速每小时超过 200 公里，遭连根拔起的树木和破瓦碎石切断电缆，导致停电；房舍屋顶被轻易掀起，有如酸奶瓶盖；6 米高的海浪将一路至默特尔比奇海滩的沿岸淹没；麦克勒安威尔遭 1.5 米高的水与烂泥掩埋。所幸飓风预警发得及时，伤亡人数不多。但"雨果"造成的经济损失高达90亿美元（大半由美国承受），在当时是美国史上最惨重的飓风灾害，南卡罗来纳州宣布有 24 个郡为灾区。

和旧金山地震一样，飓风"雨果"使许多家庭的生活大为改变，不复往昔。2002 年，宾州州立大学的凯瑟琳·珂恩（Catherine Cohan）和加州大学洛杉矶分校的史蒂夫·柯尔（Steve Cole）调查了飓风"雨果"对婚姻配偶的影响，两人检视了飓风前后的整体结婚数、离婚数与出生数。结果显示，南卡罗来纳州的平均结婚数原本稳定下滑，到了 1990 年却趋势逆转。值得注意的是，珂恩和柯尔发现，不只结婚数，连离婚数与出生率也见增长。在受飓风蹂躏最严重的地区，这些现象更为显著，结婚数与离婚数分别比预期多出大约 800 对与 570 对，出生的婴儿则比预想多出 780 名。若说"雨果"为世上带来新生命，实在一点也不夸张。

并不是所有自然灾害都会产生前述奇特效应，而原因多少是不同的灾难给人不同的心理感受。发生于 2006 年的震灾，不像 1906 年的震灾那么难以解释，好比未酿成伤亡的龙卷风与导致 40 户家庭流离失所的龙卷风，造成的影响也会大相径庭。话说回来，最近的自然灾害似乎都有相仿的灾后发展。有报道指出，日本在 2011 年海啸灾害后，结婚数剧增，而根据路透社报道，接下来的几个月间，"离婚"典礼数目上升 3 倍。美国经历了飓风"卡翠纳"袭击，不乏男女出于冲动交欢的记载，纽奥良居民珍娜尔·西蒙斯（Janelle Simmons）告诉新闻网站"每日怪兽"（The Daily Beast）的记者说："那时的人好疯狂，和战时一样。人都还不认识就上床乐个没完。那段日子真是太疯了。"西蒙斯在"卡翠纳"灾后两个星期诉请离婚，带着新男友"环游美国，逍遥去了"。

珂恩认为自然灾害会促使人重新评估一切，她说："不管身边站着谁，你都会对那人重新评价。"很明显，自然灾害会让人对既有的犹疑更加不满，促使人做出更确切的判断。在高结论需求下，对两人结合心存困惑、略感悲观的配偶，也许会变得更悲观，导致离婚；而对双方关系难以明定但相当乐观的伴侣，则会解除不安，迈向婚姻。"雨果"很可能放大了情感往来中原有的暧昧不定，旧金山地震后素不相识就结婚的人，似乎也受制于同样的冲动，进而追寻明确事态。带来伤痛的事件（自然灾害）所给人的彷徨，会在某些方面让人更受不了模糊不明。而一般来说，清楚明晰的事态则更得人看重。

自然灾害与太空旅行是非比寻常的例证与情境，但是有助于说明实验室内的心理学研究与现实世界事件的关键差别。前面提到，心理学家普路告诉我们，单一模糊因子会促使人申明不相干的评判及信念，或挑拣出新的模式。比如，他的纸牌研究便将动了手脚的伪牌当成让人犹疑不决的单一因素，可是大多数日常经验涉及的变量比普路的研究还多，因为实验的目的是仔细梳理出因与果，而日常生活杂乱无章，同时牵扯多样模糊信息，于是彷徨之感常有多种来源。一场地震，可能是人身威胁、存活于世面临的精神危机，以及经济灾难；外层空间，可以既无从解释，又有点吓人。

到最后，逐渐积累的彷徨使我们更想赶快达到明确的状态。这种情形会有巨大后果，影响我们爱上谁、与谁结交、聘用谁、解雇谁，影响我们会不会认错、会不会以刻板印象看人。（诉诸刻板印象能够轻易得到笃定的答案，但这么做的伤害尤深。）我们会随着以不同方式来评估见解、考虑解释，人也变得较缺乏创造力，而且即使做法有误，仍对错误做法深具信心。我们先前已看到，认知能力的闭锁有几分像是使原本开放的心智合起"窗户"，当各种压力累积起来，人心的窗户不仅会合上，还会"啪"地紧闭、上锁。

*   *   *

20 世纪八九十年代，克鲁格兰斯基与研究伙伴开始检验，轻微的额外压力如何左右人面对模糊因子时的安心感。就算只多出一点点压力，也会影响人愿不愿意心存犹疑吗？在一项研究里，他们向受测者说明，整场实验是要模拟陪审团运作。受测者拿到法官指示和案件概述：飞机失事引发大火，受灾的木材公司向航空公司提告。有一半的受测者并未接触其他数据，对原告与被告的立场没有特别偏颇；另一半读了专业的法律分析，很清楚对双方有利与不利的证物。在表达各自看法后，每位受测者得和另一位"陪审员"讨论出两人都同意的判决。实则，这"另一位陪审员"是研究者的暗桩，预备和受测者唱反调。实验的关键安排是在不显眼的地方摆了台年久失修的打印机，某些受测者与人争论时，会听见打印机杂音。

未曾阅读专家建议的受测者较为犹疑不决，恼人杂音使他们更容易改变看法，和实验人员的暗桩达成共识，打印机杂音也明显加快了整个过程。如果房间很安静，未读过法律分析的受测者平均花费 5 分 40 秒求得共识，若多了打印机噪音，时间则缩减至约 3 分 50 秒，受测者解除模糊因子的速度变快了。

换成读了专家分析的受测者，嘈杂的打印机让他们较不可能更改意见。他们与前述迟疑不定的受测者不同，比较不愿同意施测者暗桩说的话。就算同意，花的时间也较长。他们和前一群受测者同样急着想逃离彷徨，差别只在于"出口"是坚持己见而非从善如流。

两种结果都反映了心理学家所称的急迫感（urgency）与守恒不变（permanence）两种倾向。用克鲁格兰斯基和唐娜·韦伯斯特（Donna Webster）的话来说："急迫感"倾向"表示人想尽快取得结论"，"守恒不变"倾向"表示人想维持（既定结论）愈久愈好"。额外的压力让人更快抓住明确事态，也抓得更牢。

简单说，急迫感造就缺乏弹性的心智。

把"年久失修打印机"换成"尖叫的小宝宝"或"生气的老板"，便不难看出急迫感在现实世界如何运作。例如，在面试职缺候选人时，急迫感会导致严重头痛。试想你是聘雇小组一员，正在评估公司总裁的可行人选，这人选姑且称作珍。在面谈前半段，珍的应答让你印象深刻，她呈现的形象是领导有方、成效丰硕、对顾客贴心有礼、对下属关怀备至；不幸，到了面谈后半段，珍的表现略失水平，这时你发现她在前一份工作时，未能替公司争取到一名大客户，而且对员工的问题并不留心，做起事来偶尔也不见章法。面谈结束，你得评定是否聘任珍。现在，想象你回到同一场面谈，但有一项重大区别：一开始珍表现不佳，结尾却威风八面。

像这样仿真出假设情境的一系列实验里，承受时间压力的受测者牢牢抓住前期信息，而忽略后期提示。（附带一提，克鲁格兰斯基与研究伙伴用时间压力来提升受测者的结论需求。）在一项研究中，受测者得预测职缺候选人将来的工作效能，从 1 到 10 打分。若有时间好好思索，给的分数大概是 5 分，至于候选人的优秀表现是在面谈前半还是后半，并不列入考虑。要是受测者得快速决断，那么，能留下良好第一印象的应征者平均获评 7 分，早早就在面谈中露出纰漏的获得 3 分。（这有点出人意料，毕竟，我们平常都强调要把重点放在结尾。）给高分也好，低分也罢，受测者不仅更快形成对应征者的印象，还忽略这些人后期显露出来的矛盾信息。其他研究指出，在类似压力下，受测者会使早先的印象吻合刻板印象，比方说，职场中的女性或特定族群一定会如何如何。既然疲惫也会增强人的结论需求，任何额外压力都可能导致急迫感。

在最近研究人际信任的心理学实验，也可看到迫于压力而丧失弹性的情况，原来，信任是我们驾驭犹疑彷徨的一大要法。究其原因，交际互动一向牵扯到计算未知，请把信任想成社交生活的"润滑剂"。有了这条快捷方式，我们就免去如马基雅维利一般的权谋算计，省了个烦恼。

2014 年，来自奥斯陆 BI 挪威商学院（BI Norwegian Business School）的学者发表了一连串可观的实验成果，主题是人际信任及易受影响的结论需求。在一项研究中，受测者玩了一款经典投资游戏，要玩这款游戏得有两名玩家(权且称作投资人与经纪人)。起先，投资人会获得一笔钱，还知道能将任何金额移转给陌生的另一方，即经纪人，对方一拿到钱，投资便增长 3 倍。其后，经纪人可以将部分或全部的钱还给投资人，也可以一毛钱都不给。交还的钱不会有任何变动，一方交还 20 元，另一方就收到 20 元。双方在游戏前便已知晓上述规则，投资人移转的数目愈多，损失金钱的风险就愈高，但放手一赌的收益也有机会愈大。挪威商学院的研究让所有受测者都充当投资人，一组遵循游戏原始设定，投资人并不认识经纪人，另一组则获悉经纪人是投资人"挚友"。实验人员借时间压力来调控受测者的结论需求，而受测者得评价经纪人有多可靠。

平均来看，受测者会把获赠的钱拿出 63% 来搏个机会。要是没有时间压力，与经纪人有无交情并不会左右移转的金额。若经纪人是好友，投资人交付的钱会多一点，但差异并不显著。然而，如果结论需求随人为因素增强，投资人交给好友和陌生人的金额比例分别为 80% 与 51%。受测者对信任的评断反映了相同效应：少了思考时间，就会比平时更信任挚友，更不信任未通姓名的陌生人。一如飓风"雨果"似乎导致了更多婚姻及更多离婚，对信任的评判也呈两极化。好友那一方更得信任，可谓不劳而获；陌生人那一方丢失信任，无疑平白受冤。

几年前，研究者观察到爱情关系中也有类似的死板情况。一个人对犹疑的容忍度愈低，判断起伴侣可信与否就愈是两极化，趋向极高或极低。平时不耐彷徨的男男女女，会觉得"适度信任"

伴侣比"极为信任"和"少有信任"更教人不悦。（只要还算得上相对明确，"信任"和"不信任"就能给人慰藉。这一点或许和人的直觉认知有出入。）再者，不难猜到他们在看待伴侣时，也会削足适履，拿矛盾或模糊的信息来迁就先入为主的观点。简单说，他们心理上较为死板。

不巧，犹疑彷徨的年代正需要更高的弹性。

＊　　　　＊　　　　＊

在高结论需求下，团体决断和个人决断的情况相仿。今日，经济与文化现况变幻莫测，让人疲于应付，某些团体自然会想诉诸牵强的阴谋论或回归核心信念。当前时代，"9·11"等极端事件和经济与文化的长期不稳，多半会继续强化人对确凿事物的渴望。而人抓着不放的种种说法，可能酿成无法弥补的伤害，使得局面雪上加霜。美国心理学家丹·阿瑞里（Dan Ariely）于2008年说过："这种种倾向偏偏在对人危害最深的年代流露出来。"

有份研究指出，迫于时间压力，出声反对特定共识的团体成员很快会被排挤至边缘或遭到忽视。另一份研究提到，环境里如果有令人紧张的噪音，团体成员同样会较难容忍与信念冲突的信息。2003年的一场实验便发现，团体在高结论需求下，决策作风会较为独裁，偏好能独断独行、支配讨论的领导者。

不论结局是好是坏（虽说通常是变坏），面临使人心剧烈震荡的威胁，例如 2008 年经济崩盘、恐怖组织伊斯兰国崛起、伊波拉病毒等，人性会渴求果敢决断。这多少可以解释，美国前总统布什的支持度为何在"9·11"事件后上升超过 30%。（他有句名言吹嘘得很响亮："我不搞细腻微妙这一套。"）美国人民愈来愈信任自以为是的政府，从中求得释怀心安。布什的人气随国土安全部以颜色辨识的威胁预警起起伏伏，言过其实的警戒等级甚至使美国人更为支持布什的经济施政。"9·11"事件后发生的一大冲击，便是美国人更不愿意怀抱与自身不相干的疑虑。

2012 年，克鲁格兰斯基与爱德华·欧里贺克（Edward Orehek）指出，学者已经将"赞同动武、酷刑、在他国设立秘密监狱、国家安全高于个人权利"和结论需求连接在一起。社会风气若长期厌恶优柔寡断，人就会逃离争议话题的模糊中间地带，放大正反双方的见解。一旦世界更难预料，个人与群体可能遭遇的险关是更加轻易骤下结论，或者怀抱根深蒂固的既有观点，因此明确笃定的态度才会成为问题，而评判他人可信与否，进而逃避模糊，也是问题。迫切执着于确凿事理，是我们用来抵抗未知与失稳的防卫机制，但是身处动荡的年代，人该做的是自我调适及在深思熟虑后重新评估。

以下两例并非偶然，实则事出同因。首先，一份 2009 年的研究发现，《财星杂志》选出的 500 大企业，有超过一半创立于不景气或股市疲软之时，而经济学家弗兰克·奈特（Frank Knight）有句评断广为人知："获利起自事态的漫无条理、全然难测。"彷徨的时代让人痛苦，却也理所当然是变革的时代。这样的时代之所以让人心不稳，是因为威胁到现状，但也正因威胁现状，才代表着创新与文化再生的机会，教人彷徨的时期只是过渡，"未来"将由此而生。是故，忽视模糊的时代线索，会使人困在过去，难以向前。

1929 年，美国哲学家杜威（John Dewey）出版《追寻明确》（*The Quest for Certainty*）一书，探讨人会自然而然有股冲动，想要跨越主观信念，脚踏知识实地。对明晰事理的追寻会塑造人的行为，实验心理学家如今已证实，这份追寻并非沉稳固定，而是时时变动，有如海浪在令人震骇的事件之后，于失序的时期涨潮、退潮。

光是察觉前述心理学洞见还不够，我们不能只晓得该花时间好好判断事理、决定职缺聘任、应对组织变革、形成政治见解。诚然，彷徨时保持冷静，势必有助于使决断更为理性。人冷静下来后，即使肯定自己几乎无误，仍较有机会延长犹疑的时间，把涉及模糊因子的决策搁置几天，换个心情重新思虑，会是明智抉择。但是，知道有这项抉择，甚或加以采纳，对人的帮助充其量也就到这儿了。

在种类繁多的实验中，心理学家唯有在受测者评断前告诫他们要审慎，才得以抵消迫切感的负面作用。实验人员通常会和受测者说，事后必须在一群人面前提出如此评价的正当理由，或是他们的评判会拿来对照受评者实际表现或专家评比。例如，某项研究让现役军人评鉴招募的新兵。就受测者所知，评鉴结果将左右实际分派，一旦误评，会妨碍新兵的军中生涯。又如，在一场探究医疗决断的实验里，研究者得靠事先强调不当的选择大有害处，才能解除急迫感。可想而知，受测者原本就清楚不该仓促拿定主意，但要让他们依据"后续结果"的信息改变看法，就得在实验开头加以提醒。既然这样，想要克服急迫感的不良效应，便需要两类手段：一类得在特定关头使人更加意识到受情境影响的结论需求，另一类则是在合适时机让决断的后果持续鲜明有感。我们在下一章会看到，只需要15道问题就能合乎科学地评量人的结论需求。在定期的意见调查里加入这类提问，或许能有效追踪意见变化，以资参照。衡量个人（连大型群体也包括在内）面对彷徨时的心态如何变迁，进而彰显集体决策的危险期，能帮助我们避开险境。

至于要找个让人牢记面对模糊情境时心态变动的方法，稍微容易一点。下决定时请养成习惯，有意识地思考当时承受多大压力。你觉得很匆忙吗？疲累吗？遇上什么私人麻烦了吗？拟定一套制式问题，提醒自己的各种焦虑会如何影响你的决定，以及引发的后果。在聘雇时，可以更审慎制定所聘非人时如何究责。聘任人才属于投资决策，错误的决断会酿成时间、效率、公司士气的极大损失。话虽如此，少有公司施行正式制度，按员工日后表现来奖惩管理阶层。这类赏罚措施可以让人不至于太快做出结论，并且让人能在更长时间内容忍，甚或接纳模糊因子。

整体来看，有各式各样的事件会施加压力或扰乱秩序，进而改变人怎么应对模糊与犹疑。这些事件会让本该周详的决断变得仓促草率，使立场未定的选民态度坚决，党同伐异。急迫的心理状态随灾难而起，而这也意味着我们必须留心种种早期说法的过当影响。我们必须想办法自我提醒，刚愎武断的心态会以幽微难辨的形式出现。想理解如1906年旧金山地震那样教人困惑的事件，我们会疯狂地四处追寻可能存在也可能不存在的解答，我们需要工具提醒自己意识到这点。最要紧的，我们必须提点自己风险所在，草率兴战，可能是一场彻头彻尾的大灾难，而仓促成婚或许是也或许不是个人大劫。不过说到底，急迫感有时也有好处。下一章会提到，固然急迫感会导致刻板印象得势，高结论需求却让人更容易献身于观念、信仰、行动。周围的人"对了"，我们说不定就会碰巧采取对的行动，甚至碰上对的人。

＊　　　　＊　　　　＊

1969 年 4 月 18 日，旧金山市市长约瑟夫·阿里欧托（Joseph Alioto）举办"反地震派对"，追思 1906 年震灾的罹难者，并向生还者致意。还不到清晨 5 点，群众就早早聚集于市政厅前，要在地震来袭的确切时刻缅怀死者。出席者达 5000 人。

室外投影幕播放着 20 世纪 30 年代经典老片《火烧旧金山》（*San Francisco*），是以这场震灾为背景的。看着克拉克·盖博（Clark Gable）、珍妮特·麦克唐纳（Jeanette MacDonald）、史宾塞·屈赛（Spencer Tracy）步履坚定，穿过断垣残壁，观众一阵静肃。人称安东尼努斯弟兄（Brother Antoninus）的诗人朗诵诗作《城市不死》（*The City Does Not Die*），在场的人一边随着乐团演奏齐唱老歌《旧金山》（*San Francisco*），一边啃着免费甜甜圈，喝免费咖啡，啜饮意大利蔬菜浓汤。《波士顿环球报》形容这是场"欢快的节庆"。

早先，自命先知的业余人士预言圣安地列斯断层不久就会再次裂动，将旧金山扔进大海，阿里欧托市长于是举行这场盛大派对以示回应。"我想说清楚，"他在阳台上说，"没有人来这里是想试探或激怒上帝。大家想展现的是，即使知道住在一个地震频发的国家，也没必要为这事歇斯底里。"

阿里欧托和1906年的震灾有段个人因缘。他的父亲朱塞培·阿里欧托（Giuseppe Alioto）是名渔夫，地震当天早上正在渔人码头附近，在离他不远的地方住着同样以捕鱼为生的拉西欧一家，这家人于1892年由意大利西西里搬家到旧金山。地震发生时，他们由费尔伯街的住处冲出，躲至渔船避难。拉西欧先生看见朱塞培·阿里欧托跑过，便向这陌生人大喊："快跳上来啊，小伙子！快跳上来！"

朱塞培跳上船，顿时兴起一股异样感觉。他不禁注意到，拉西欧的大女儿美若天仙。那时，这女孩还不到适婚年龄，可是朱塞培晓得，良缘天定，就是她了。

她一定是给朱塞培留下了挥之不去的印象，8年后，朱塞培迎娶这位多米妮卡·拉西欧为妻，两人生下的孩子便是日后当选旧金山市市长的约瑟夫·阿里欧托。

第四章　**得州 50 天：**
　　　　为什么会误判他人意图

1993 年，历经紧张的长期包围，得州瓦科镇外那场僵局于 4 月 19 日落幕。当时，宗教团体戴维教派（Branch Davidians）聚众坚守一座农场 [称为"迦密山中心"（the Mount Carmel center），又昵称作"蚁丘"（anthill）]，教派领袖是时年 33 岁的戴维·柯瑞许（David Koresh），原名维侬·霍尔（Vernon Howell）。当局怀疑，他将半自动武器改造成全自动的，违反了联邦法令。几个月前，一名快递员在寄给迦密山中心的包裹中瞥见手榴弹外壳的轮廓。美国烟酒枪炮及爆裂物管理局（the Bureau of Alcohol, Tobacco and Firearms，ATF）也从货运与销售记录找到其他证据，最后计划进攻该农场。这一连串事件的背景还包括柯瑞许涉嫌伤害孩童及性虐待。

ATF 探员将进攻日期定在 2 月 28 日。虽说出奇才能制胜，人员思虑不周却使机密外泄。他们事先在饭店订了 150 间房，以备 28 日当晚住宿，除了通知饭店做好准备，还安排了救护车。当天早晨，已有 10 名记者带着摄影人员搭乘 6 种交通工具绕行迦密山中心，其中一位吉姆·皮勒（Jim Peeler）开着白色雪佛兰面包车迷失了方向，便向一名在乡野送信的人问路，不料送信的人是柯瑞许的姻亲戴维·琼斯（David Jones），这人赶紧开车到迦密山中心，向戴维教派信徒通报要出事了。中心里的 ATF 内应向上级示警，说柯瑞许如今已知道进攻一事，但上级置之不理，仍决意按计划进行。

将近上午 10 点，ATF 战术部队带着搜索令袭击农场，要逮捕柯瑞许。此次行动调度了 3 架国民兵直升机，探员个个穿戴防弹背心与头盔，负责正面突破的小队带着破门槌及用来驱赶看门犬的灭火器。这一切原本该大获民众好评，但情势急转直下。双方开火交战，ATF 队员投掷震撼弹，顿时墙壁与窗户碎片纷飞。

40 分钟下来，火力几乎没有停过。

5 名戴维教派信徒与 4 名 ATF 探员在枪战中阵亡，另有 16 名探员受伤。迪克·利瓦伊斯（Dick Reavis）于《瓦科余烬》（*The Ashes of Waco*）一书描述了录像画面："画面上看见进攻的联邦小队溃不成军，阵亡者遗体被搬到民用交通车辆的引擎盖上。受伤染血的探员搭着同伴肩膀，一边大口喘气，一边跛着脚撤退。"利瓦伊斯写道，这群戴维教派信徒，按政府的形容是"拥枪邪教的得州疯汉兼亵童狂魔"，不晓得用了什么手法，竟以军队作风与美国执法部门交战而得胜。

接着，ATF 商请 FBI 介入。其后 50 天，FBI 谈判人员努力想解决瓦科包围事件，将死伤尽量降至最低。在第 51 天清晨 6 点左右，配备液压吊臂的作战用车辆开始在建筑物的墙打出洞来，注入催泪瓦斯，另有布雷德利装甲车发射橄榄球大小的催泪弹和鼬弹。坚守不出的戴维教派信徒戴着防毒面具，但 FBI 的人明白，面具只撑得了几个小时。扩音器传出如下信息：

> 这不是攻击行动。别开枪。你们一开枪，我们就会回击。我们灌进去的催泪瓦斯并不会致命。现在，从屋里出来，按指示行动，就没有人会受伤。快向当局投降。

第四章

早上10点，迦密山中心的建筑物持续4小时遭灌入催泪瓦斯，但教众仍没有投降迹象，大风也许稀释了瓦斯浓度。约莫中午时分，FBI人员看见建筑物西南角有烟雾窜腾，一名男子缓缓爬过屋顶，火势随后爆发。国民兵直升机于上空盘旋，机内人员注意到三处起火，狙击手由瞄准镜观察情况后回报，戴维教派信徒正泼洒疑似可燃的液体。显然，建筑物内积藏的军火已爆炸。到了12点30分，迦密山中心陷入一片火海。

瓦科一事闹得举国皆知，让政府颜面尽失。死亡的戴维教派信徒超过70人，包括25名儿童。阴谋论者主张，美国政府难辞其咎，而且当时在场的探员刻意纵火。然而，录音内容显示，纵火的人是戴维教派信徒。不管美国政府犯下何错，戴维·柯瑞许才是整场悲剧的元凶，他以宗教领袖魅力蛊惑成人与孩童，最终害许多人丧命。美国人由瓦科惨案看清了异端邪教的晦暗作用，不过，我们还可从中学到其他教训。

* * *

如先前所见，人对确凿事理的渴望并非持平不变，对我们来说，这样的渴望会在人置身高压情境时猛然增长，而换成受到控制的自在局面便会消退。但是，每个人面对模糊、失序、多变难测、优柔寡断、心胸开放时，不安程度的基准面并不相同，不同的心理倾向造就了人是审慎还是仓促决断。

唐娜·薇伯斯特与克鲁格兰斯基于 1994 年发表的结论需求量表，便是用来衡量每个人对确凿事态的渴望在基准面有何差异的。值得强调的是，人生来就强烈渴求条理，不一定是坏事，而结论需求低也不一定是好事。在量表上的得分高，也不必然表示会固守政治光谱的此端或彼端，保守派和自由派可以同等专断、同等戒慎。量表测量的目标，与其说是人有何种信念，不如说是信念受到挑战后，人会有多焦虑。有一点必须事先提醒，保守派信念既然被称作"保守"，与自由派信念相比，自然多半比较一板一眼、黑白分明，在内涵上更显专断，假设你有根深蒂固的结论需求，能够选择要拥护哪一方，而你身边保守派与自由派人数相当，你更可能受保守派意识形态所吸引。

原本的结论需求量表由 42 道提问组成，2007 年时删修成 41 道。不过，有鉴于如今这份量表的使用范围之广（研究者会从中任意选取问题使用），心理学家尔尼·罗伊兹（Arne Roets）和艾连·冯·海尔（Alain Van Hiel）在 2010 年发表了精简版。两人调整过的版本含有 15 道题目，从薇伯斯特与克鲁格兰斯原先标志的 5 项子范畴——渴望秩序与结构、因模糊而不安、果决能断、渴求未来得以预测、心态保守——各抽出 3 道。在向超过 1500

人施测后，罗伊兹与冯·海尔的版本和完整版的评量结果并无显著差异。以下自我检测时，请从1（完全不同意）到6（完全同意）给个分数。

1. 我不喜欢不明确的情境。

2. 我不喜欢可以有不同答案的问题。

3. 条理井然、作息规律的生活很适合我的个性。

4. 要是无法理解生活中为何会发生某项事件，我就会很不自在。

5. 如果团体中有人和其他人都意见不合，我就会很生气。

6. 我不喜欢落入无法预料未来发展的局面。

7. 下了决定后，我会松一口气。

8. 遭遇麻烦时，我拼死也想赶快解决。

9. 要是没法立即找到方法解决麻烦，我很快就会变得烦躁。

10. 我不喜欢和行为难以捉摸的人在一起。

11. 我不喜欢听人说起话来模棱两可。

12. 建立前后一贯的生活常规让我更能享受人生。

13. 我喜欢确切、有条理的生活模式。

14. 在形成看法前，我不常征询别人的意见。

15. 我不喜欢难以预料的情境。

现在，将分数加总就行了。总分 57 以上，表示你（当下）的结论需求高于平均值。请注意，这份量表可用来衡量个人结论需求的差异，或情境的差异。你的分数会增加还是减少，取决于情绪。但不同人的平均分仍各有变动的幅度。结论需求较高，只表示人的心智在掩盖异常状态、消除矛盾、"化繁为简，创造奇迹"时，会自然而然更加积极一点。

美国西北大学的千京范（Cheon Bobby Kyungbeom，汉字暂译）团队进行中的实验已初步证实，结论需求涉及基因。人面临威胁时之所以会有较强的情感反应，和一种被称作 5-HTTLPR 的基因有关。受测者若拥有至少一个这种基因的短对偶变体，在遭遇模糊和难以预料的情境时就会流露较大的不安。拥有至少一个这类短对偶基因的人，似乎会因为无法有效率管控大脑的血清素浓度，而比较不能控制情绪。2013 年千京范与研究伙伴发表了证据，指出 5-HTTLPR 也牵扯到另一种学者一贯认为与高结论需求相关的心理后果：偏见。

2014 年，波兰的心理学家进一步丰富了我们对这方面的认识。他们直接检视结论需求如何左右神经认知过程，发现高结论需求的人在犯错时，大脑的失误探知中心前扣带回皮质较不活跃。研究者委婉表示，人会忽略己身错误，也许是要缓冲焦虑。在低风险环境中，这么做还无可厚非，但在压力极大的场合，漏失关键信息可能会造成一场灾难。

*   *   *

想知道结论需求高低有何影响，以色列海法大学（University of Haifa）的尤里·巴·约瑟夫（Uri Bar-Joseph）与克鲁格兰斯基合写了一份详细的个案研究，会是极好的例子。两人详细审视了以色列的"赎罪日战争"（Yom Kippur War），而我们可借此看清瓦科事件到底是哪里出了错，错得一塌糊涂。

赎罪日战争起于1973年10月6日，埃及与叙利亚突袭以色列，为期20天的战事最后由以色列获胜。苏联支持冷战时期的盟邦埃及与叙利亚，而美国也赶紧应援以色列，混战愈演愈烈，几乎就要让两大强权直接冲突。战事会拖得这么长，原因之一是以色列措手不及。埃及军队效率惊人，横越苏伊士运河而来，入侵西奈半岛，与此同时，叙利亚在戈兰高地开战，旗开得胜。以色列花了好多天才重整军队。

以色列本不该对敌方的首波攻击全无防备。该国情报单位早有充足证据显示埃及军队正在备战，而非仅是演习。10月2日，以色列军事情报局传达了一份叙利亚作战计划的更新版。自 1972 年年初，军情局便清楚埃及有意越过苏伊士运河，到了 1973 年，战事将起的预警数以百计。战后，受命调查此战的阿瓜纳特委员会（the Agranat Commission）总结道：在以色列遭受奇袭前，军情单位"已掌握十足警兆"。1973 年 4 月，以色列情报机关"莫沙德"（Mossad）的负责人兹维·札米尔（Zvi Zamir）评估埃及武备大增，比什么时候都更有能力攻击以色列。

那么，以色列为什么会全无防范？巴·约瑟夫与克鲁格兰斯基指明，伊莱·齐拉少将（Eli Zeira）与尤纳·班德曼中校（Yona Bandman）两名军方要员得负一大部分责任。齐拉那时是军情局局长，班德曼则是军情局第六处处长，负责分析由埃及与北非流出的情报。两人极富才智，却也都有一项致命弱点：容易自视过高、独断独行。巴·乔瑟夫与克鲁格兰斯写道：

> 两人领导下属时极为专横果断，也都对开诚布公的漫长讨论很不耐烦，认为是"胡扯""狗屎"。齐拉经常羞辱那些在他看来准备不周的与会军官，据闻，他至少在某次场合说过，那些在 1973 年春天预估战事将至的军官别想升迁了。班德曼在军情局的影响力虽然不及齐拉，不过也相当有名，他完全不让人更动

　　笔下文件一个字，甚至一个逗号。

　　这样的个性似乎让两人固执地认定埃及与叙利亚既无能力，也无野心进攻以色列。起码从 1972 年开始，两人便一致如此估计，纵使日后反证愈来愈多，也不愿重新审视局势。1973 年 9 月（即攻击前一个月），他们还很有信心，声称埃及在接下来的 5 年都不可能出兵占领西奈沙漠部分地区。齐拉与班德曼自信满满，甚至在向决策高层报告时，刻意不提军情局内部对埃及与叙利亚的军事意图另有不同的评估。

　　开战前 24 小时，班德曼仍相信以色列大可高枕无忧。埃及大规模调度坦克及其他重装武器，被他说成是"常态行动"。这时，齐拉正在向首相戈达·迈尔（Golda Meir）说明，苏联为何将人员紧急撤离叙利亚与埃及。他提出三套紊乱的说辞：苏联也许怀疑以色列打算攻击埃及与叙利亚，或猜想埃及与叙利亚意图进攻以色列，又或者苏联与埃及和叙利亚的关系生变。接下来，齐拉直接老调重弹，向首相迈尔说，就算苏联真以为埃及与叙利亚有意出兵，那也只是因为"对方太不了解阿拉伯人了"。这份信心让他做出荒腔走板的分析，但其实苏联会这么做，是不知从何处收到了警讯。

　　齐拉几个月前对某些国会议员发表的一份声明，甚至更明显地流露出对确切事理的渴求。我们要记住，齐拉当时是军情局局长。他在下列引文描述的是自身角色：

> （以色列国军的）参谋长必须能明确决断。在客观情势许可下，军情局所能提供参谋长的最佳奥援，便是尽全力清楚、明白地评判情势。诚然，评判得愈明白、愈清楚，所犯的错误也愈明白、愈清楚。但这是军情局该负的风险。

齐拉显然觉得情报分析师的作用是在向上级汇报前筛除一切疑虑，他的确也承认，如此一来，情报分析师若不是全对，就是全错，但起码很"精准"。齐拉之前的军情局局长作风则完全相反，人人都知道他愿意接纳不同的意见，在向上级报告时，他会将一己解析与反方观点并陈。赎罪日战争一例中，齐拉与班德曼僵固的分析最终代价惨重，以色列折损了超过 2000 名兵士，许多人是在战争前期阵亡的。

高结论需求不只会在战争中造成损害。生意场上，台面各方经常得应对信息的空缺与冲突，如果判读客观信息时诠释过了头，或者竭尽全力一定得寻求解答，通常就会犯错。有许多研究显示，要谈成一笔好生意，必须能好好处理相互抵触、使人困惑的信息，而不至于太情绪化，做过多推定，执着于细节。在此同时，人承受压力与威胁，会更加厌恶犹疑与彷徨。一方面，想借由交涉成事，就得应付模糊因子；另一方面，危机四伏的情境会提升结论需求。由此不难想象，在危机中想交涉出成果是何等困难。

*　　　　　*　　　　　*

"大多数人一听到枪声，就会假定有人被杀。"说话的是曾任 FBI 人质交涉员的加里·诺斯纳（Gary Noesner）。2012 年，我首次访谈诺斯纳，问到了 1982 年 10 月他的职业生涯首场重大人质僵局。

准确来说，这棘手的案件在 10 月 7 日晚间 10 点 40 分揭开序幕。一名在火车乘客名单上登记为"W. 罗德瑞奎兹"（W. Rodriquez）的男子，于佛罗里达州杰克逊维尔搭上开往纽约的美国国铁银星号。他为一家人预定了有卧铺的一等车厢，随行的人有同胞手足玛丽亚、将满 4 岁的外甥女茱莉亚，以及 9 个月大的外甥璜。罗德瑞奎兹的真名是马里奥·维拉波纳（Mario Villabona），时年 29 岁的他是哥伦比亚毒品贩子。

10 月 8 日星期五，隔壁睡铺车厢的乘客被吵醒，听见马里奥和玛丽亚用西班牙语大声争吵，接着就听到了枪声。车上服务员通报警方，等火车停靠在北卡罗来纳州的罗里，警方早已严阵以待。警员将其余乘客疏散，并且把马里奥、玛丽亚及两名孩子所在的车厢卸下，移至侧轨。他们试过用扩音器与马里奥交谈，但车厢内毫无回应。有名警官偷偷摸摸让麦克风与喇叭贴着车厢，以便与持枪歹徒通话。中午 12 点过后不久，警察听见四记枪响；隔天早上 8 点，再闻一记枪响；几个小时后，到了 11 点 37 分，又有两记枪响。

诺斯纳接到过去在匡提科[1]教他交涉技巧的教官打电话来，当地执法部门需要一名能说西班牙语的交涉员。诺斯纳头一个想到的人是雷·阿拉斯（Ray Arras），阿拉斯刚从 FBI 人质交涉训练课程结业。于是，诺斯纳和阿拉斯一起从弗吉尼亚搭飞机到罗里，于星期六晚间 6 点左右抵达火车站。此时，马里奥刚从车厢门开了两枪，当地警长透过监听装置分析玛丽亚已身亡。这会儿，警方晓得马里奥在三间美国监狱待过，假释的条件是人得回去哥伦比亚。依照档案记载，他的脾气很暴躁。

警察该毫无动作吗？该攻入车厢吗？该坐着等候就好吗？马里奥会不会正在射杀人质呢？偏偏警方就是信息不足。"我的名字叫作雷，"阿拉斯借由喇叭系统以西班牙语说，"是来帮助你的。孩子们还好吗？"马里奥没有回应。等到隔天太阳升起，飘散的

---

1 匡提科（Quantico）位于美国弗吉尼亚州，联邦调查局的探员训练学院就设在这里。

臭味证实了马里奥的手足其实早就死在车厢里。

对努力想解决此次危机的人而言，手边信息真是再模糊不过了。犯人行凶动机不明，马里奥说不定是出于气愤射杀了玛丽亚。犯人的下一步也难以预料，从迅捷枪声来判断，马里奥持有机关枪，而车厢内有两名孩子，其中一名还只是婴儿，攻坚的风险太大。美国国铁的火车车厢由极厚钢板制成，玻璃窗户防弹效能颇佳。若能耐心引诱马里奥出来，那是上上之策，但是随着时间过去，孩子死于脱水的危险也愈来愈高。阿拉斯强调，必须使人质胁持和平落幕，而目前很要紧的一件事是让孩子有食物和水。

马里奥慢慢向阿拉斯敞开心怀。他和阿拉斯说，小婴儿在前一天晚上死了。"我今天醒过来，就看到他皮肤发紫，全身僵硬。"诺斯纳与阿拉斯还能微微听到小女孩抱怨肚子痛。

"你能到窗户边和我打个照面，把茱莉亚交给我吗？"阿拉斯问，"我不会配备任何武器过去。"诺斯纳还来不及动念阻止阿拉斯，阿拉斯就走向车厢，握住马里奥的手以表诚意，而马里奥把小女孩交给他。不管怎么看，阿拉斯都救了小女孩的命。他劝说马里奥超过 30 小时，隔天，马里奥在曾为其辩护的律师协助下，静静向警方投降。

"不同警局有不同角度，"诺斯纳和我说，"不过，在我积极投入交涉的时候，有些战术人员一听到枪声就会不假思索下结论：枪响了，我们得冲进去阻止歹徒杀人……再来，你会暂停一下子对自己说，等等，说不定是枪支走火；或者，对方是一时沮丧，朝车厢顶部开枪；又或者，这一枪只是警告。我们无法确定实情。信息不足，我们不能犯险，免得情况更糟。"诺斯纳把马里奥·维拉波纳的人质磨难和阿拉斯的英勇作为，写进了 2010 年出版的回忆录《拖分延秒》（*Stalling for Time*），他形容阿拉斯是他一生所见极有胆识的 FBI 探员。

诺斯纳在 2003 年退休，于 FBI 服务达 30 年，其中有 23 年担任人质交涉员，在这份工作的最后 10 年间，任职首席交涉员。整个职业生涯里，他参与了超过 100 件牵扯到美国国民的国际绑票案交涉。他审问过恐怖分子，和劫机客打过交道，平息过一场由监狱暴动转为人质胁持的僵局，驳倒过右派分离主义人士，甚至协助解决过国际外交危机。在这一路上，他改革了 FBI 交涉员的训练方式，纳入了心理治疗师所用的种种"积极聆听"技巧。诺斯纳知晓，该怎样与卑劣而绝望的歹徒对话，以挽救人质性命。

诺斯纳并非举棋不定、过于审慎的人。《拖分延秒》一书所记载的头一个事件，便是将胁持人质的歹徒诱至空旷处，由狙击手一举射杀。一旦情况无可挽回，诺斯纳就会迅速行动，一劳永逸，不会因此而良心不安。但在较为模糊的局面，他深信得审慎权衡风险，而且为了证实自己的论点，该拖多长时间就拖多长时间。

想让交涉有成，通常得具备跑马拉松般的耐心，他与阿拉斯在应对马里奥时，便展现了这等功力。

诺斯纳告诉我，能有效打动对手的交涉人才起码都有一项共通点："他们在置身灰色地带、面对人生的犹疑与模糊时，仍能一展所长。"

并非所有涉入胁持事件的人都能自我控制得这么好，不妨想想 1993 年 7 月的乔尔·苏沙（Joel Souza）一案。在加州安提阿，与太太离异的苏沙拿了把枪抵着两名孩子，退入住家楼上卧房。接下来几个小时，负责劝说苏沙的是受过人质交涉训练的迈克尔·施奈德警官（Michael Schneider）。施奈德甚至说服苏沙将 4 把来复枪由窗户递下，还告诉他投降时得脱掉上衣，好让屋外的霹雳小组知道他手无寸铁。人质僵局持续约 5 个小时后，一名警局队长到了现场。他建议施奈德设下时限，但施奈德让他打消了主意，于是该名队长又给了施奈德 4 个小时，最后才坚持非设定何时攻坚不可。

"我受够这鸟事了，"队长向施奈德说，"再给他 10 分钟，我们就攻进去。"过了 9 分钟，苏沙杀掉两名小孩后自杀，死时并未穿着上衣。诺斯纳对此案的评论是：

说来奇怪，这名队长或许自己也想不到，他和乔尔·苏沙的共通点有多少。传统执法部门警察的心理结构往往包括许多经典的控制狂行为，但他们也许不够有自觉，所以察觉不到。

诺斯纳说，谈判专家有时得两面作战，当然，他们得劝服胁持人质的歹徒，但偶尔也得说服执法伙伴对交涉过程更有耐心及信心。

我在学校教人质交涉很多年，上课第一张投影片讲的就是自制，要是控制不了自身情绪，又怎么能预期控制他人情绪？自制不只适用于交涉员，也会影响警察大队长、霹雳小组领队和其他每一个人。如果对事件的情绪反应主导了行动，就很可能做不出最好的判断，这并不表示交涉员不会有情绪化的时候，但我们努力依据想要的结果来决策，而不是按照个人感受。

诺斯纳靠着危机中保持冷静，让他的表现突出。而等他在 1993 年 2 月底抵达得州，执起话筒与戴维·柯瑞许通话时，这份能力将大受考验。

"嗨，戴维，我叫加里，我才刚到，想确保你和家人平安脱困。"

"好啊，随你怎么说。反正我们还没准备好要出来。"柯瑞许说。

*　　　　*　　　　*

ATF 与戴维教派信众初次交火酿成伤亡那天，诺斯纳刚走出弗吉尼亚州当地的一家五金行，就收到呼叫器的信息。上司要他赶到机场，两架 FBI 飞机正在柏油跑道等着。他搭乘体积较小、速度较慢的螺旋桨飞机，另外那架体积较大的行政专机用来搭载其他 FBI 和 ATF 要员，包括迪克·罗杰斯（Dick Rogers），他是 FBI 的精英人质救援小组组长。

罗杰斯的绰号是"铁面干探"，他满头红发、下巴紧绷、姿态坚定，倒很符合铁面无私的感觉。几个月前，罗杰斯才在北爱达荷红宝石山脊下达狙杀令，解决了一场僵持事件。此事来龙去脉如下：曾在工厂上班的兰迪·韦弗（Randy Weaver）有意逃离腐败的世界，便举家迁至一块偏远土地。他参加过白人至上团体"雅利安国"（Aryan Nations）集会，还在 1989 年将两把截短的猎枪卖人，不料买方是 ATF 网民。韦弗遭到起诉，但从未出席受审。1992 年夏末，美国法警局决定在韦弗的红宝石山脊小屋附近将他逮捕，派出了 6 名法警携带 M16 步枪至山野抓人。双方爆发枪战，韦弗 14 岁的儿子和一名副法警中弹身亡。

罗杰斯到红宝石山脊时，知道韦弗已躲进小屋，便命令人质救援小组的狙击手占据有利位置。司法部事后的调查报告指出，罗杰斯等于是"指示狙击手在人犯尚未声明投降前，有权也有必要射杀任何现身小屋之外的武装成年男子"，之后这样的教战守则遭裁定违宪。韦弗听到 FBI 直升机声响后走出小屋，一名狙击手见状开火，射伤了韦弗，也误杀了他抱着 10 个月大女儿的太太。

诺斯纳的小飞机无法一次飞抵得州，得降落在小岩城加油。显然，某高层认为，人质救援小组的组长罗杰斯必须立即到达案发地点，而交涉小组的负责人诺斯纳不必。晚间 10 点左右，诺斯纳才抵达瓦科镇外权充指挥站的前空军基地。他匆匆经过一群在设置计算机与电话线路的技术人员，和特别探员杰夫·贾马（Jeff Jamar）会面。贾马是圣安东尼奥市的 FBI 办公室主管，也是现场指挥。据诺斯纳描述，这人身高大约 190 厘米，模样像"比赛当天的橄榄球球员"。

交涉小组要列入考虑的一大重点就是如何和罗杰斯及战术小组合作，诺斯纳问起这件事时，贾马只提到会充当中间人。也就是说，要和战术小组的指挥层级沟通，只能通过贾马，而这并不符合标准程序。通常，战术方与交涉方的商谈会更直接。

诺斯纳与贾马所在地，离迦密山中心大概有 12.8 公里，罗杰斯和几个战略小组成员则在事发建物外的前哨指挥站等候。诺斯纳抵达时，整件事名义上仍由 ATF 主导，FBI 还在等华盛顿方面正式移交指挥权。他被带到一处看似"二战"时期兵营的地方，看到了神情憔悴的 12 位 ATF 探员及其余人士。在场的 ATF 指挥吉姆·卡瓦诺（Jim Cavanaugh）自枪战后便持续和戴维·柯瑞许通话。

诺斯纳面临的一大迫切难题是，未能控制迦密山中心的两条电话线路，因此无法遏阻对局面不利的电话联系。柯瑞许和同伙仍然想打给谁就打给谁，例如柯瑞许便打过电话向母亲告别，而这样的举动恰是诺斯纳想避免的。另外，正在访谈人犯的新闻节目或机构，如《最新报道》（A Current Affair）和美国有线电视新闻网（CNN），也干扰了交涉过程。不过，倒也并非全是坏消息，在交涉人员安排某广播电台朗诵《圣经》经文后，柯瑞许就允许 4 名儿童离开。

卡瓦诺在电话中向柯瑞许介绍诺斯纳，接着就让诺斯纳接过电话。柯瑞许在枪战中受伤，声音听起来有气无力。头一天一整晚，诺斯纳与柯瑞许每隔几小时便会通电话。诺斯纳强调，没必要再流血，重要的是孩子安全。从 FBI 的录音文本文件看得出诺斯纳在打探信息：

诺斯纳：戴维，你那边有几个小孩子？

柯瑞许：等你把他们全抓住就晓得了。

诺斯纳：好吧。

柯瑞许：拜托，孩子有很多好吗？

诺斯纳：喔，有很多是吗？我们需不需要任何特别的，我是说，孩子们都大到能走路了吗？还是……

柯瑞许：不，有些孩子，这个，才刚出生。

诺斯纳：刚出生是吧，我知道了。

刚发生僵持事件那阵子，诺斯纳还会和戴维教派信徒史蒂夫·施奈德（Steve Schneider）对话，一直到瓦科包围惨剧结束，施奈德都充当柯瑞许的发言人兼中间人。他告诉诺斯纳，迦密山中心内的人先前看到了"军方坦克"和"某种武装运输车辆"，很担心情况会愈演愈烈。"我说，你们是想搞成第三次世界大战还是怎样？"施奈德问。

"别，别误会我们调动那些东西的用意，"诺斯纳说，"嗯……联邦政府响应这一类事件的做法是……"

施奈德提起了红宝石山脊一案。"这个嘛，我记得很清楚，以前读过韦弗的报道和其他一些报道……"

"是的，是。"

"以前……"

"对，没错。"

"以前读了这些，你晓得，肯定会让人焦躁。"施奈德说。

"是。"

"就我所知，很多牵扯进去的人只是做他们该做的事。但他们并不理解，而且……"

"可是，你得明白……韦弗那件案子，在交涉开始后就没人再开枪；在那个时间点后没人再受伤……等交涉一展开，事情最后就以当时最好的方式落幕，没有进一步的生命损失。"

与韦弗案实情相参照，这段话听来很是讽刺，也清楚表明了迦密山包围事件将如何收场。到了3月1日清晨，双方几经交涉，已有8名孩童获释，交涉人员也渐渐取得柯瑞许信任。可是，战术小组似乎在跟交涉小组唱反调。施奈德当然无从知晓，那个把红宝石山脊一事搞砸的罗杰斯，此时此刻就在离他不远的前哨指挥站。

诺斯纳着手让建筑物内的人能尽量安全撤离。接下来几个星期，他扮演的角色并非与人犯通话的交涉员，而是协调小队运作的关键枢纽。交涉人员分成两队，每队5人，轮班12小时，各队在通话的交涉员旁边安插一名"指导员"聆听谈话内容，视需要递上写有指示的纸条，第三名成员负责操作电话系统和录音机，第四名成员记录对话要点。在交涉进行中，除了这四名核心队员和充任队长的第五名交涉员，只有诺斯纳能在场。与迦密山中心的应对，通过喇叭转播至邻近房间，让另一小队和其他相关人员得以旁听。每次轮班结束后，小队成员会汇报情况，然后准备下一轮交涉。

3 月 1 日晚间，是包围行动的第二天，获释儿童总数达 12 人。孩子被带到交涉员那里，由交涉员和他们尚在建筑物内的父母联络，确认孩子平安，而且受到妥善照顾。3 月 2 日下午，谈判结果让 18 名孩童与两名成人获释。让局面甚至更显乐观的是，柯瑞许表示愿意投降，前提是安排他向全国广播一段与《圣经·启示录》有关的信息，交涉小组要求他将信息录下来以备审核。到了下午 1 点 32 分，基督教广播网（Christian Broadcasting Network, CBN）终于播出这段信息，接着戴维教派信众准备放下武器投降。事后来看，这是整场事件的重要关头。巴士在迦密山中心前停妥，信徒正要用担架将柯瑞许抬出，施奈德则继续和交涉人员通话，以确保过程顺利，而人质救援小组也已就绪。

"每个人都拿着东西排成一排，准备要出来了。"施奈德在电话上和交涉人员说。然而人质救援小组的回报却是对方毫无动静，完全不见人走出。施奈德说，柯瑞许想要在离开前来一场最后的布道。建筑物外的所有人都耐心等候，希望柯瑞许不要失信。晚间 6 点左右，施奈德通知交涉员，柯瑞许改变了主意，说是上帝发话，要他别离开建筑物。

诺斯纳和各式各样的人交涉惯了，晓得不宜反应过度，关键在于双方交涉并未破局。他和手下组员已让迦密山中心里的人持续撤离，但诺斯纳也知道，罗杰斯与贾马听闻柯瑞许未按照约定投降，可不会多高兴。他走进贾马办公室时，罗杰斯早就在里头。按诺斯纳描述，两人得知消息后满脸愤慨：

> "这家伙在耍我们，"罗杰斯说，"该教训教训他。"
>
> "我想这对解决事情没有帮助，"我说，"柯瑞许是不是在胡搞瞎搞，不重要。重点是，我们让里面的人可以一个个离开。"
>
> "只要15分钟，我的人就能攻进去将整个地方控制住。"罗杰斯说。
>
> "时机还不到，"贾马说，"不过我同意，是该给他个教训。"

诺斯纳请罗杰斯和贾马要有耐心，但两人充耳不闻。他告诉我："柯瑞许背约拒降，交涉小组所受波及相对较小，因为我们了解人有可能会言行不一，可是现场指挥官他……我真希望能录下他听到我说这话时的表情让你看看。"

贾马作威作福，命令布雷德利装甲车开进迦密山中心所在地。从这时候起，交涉小组与人质救援小组就愈来愈针锋相对。救援小组好像不太清楚交涉小组施行的策略，诺斯纳提议要在救援小组轮班结束后向他们简报，但遭罗杰斯拒绝。他还建议与贾马及罗杰斯定时会面，以免各行其是，但是贾马不觉得有此必要。

3 月 3 日、4 日，又有两名儿童获释；3 月 5 日，再一名儿童得脱。诺斯纳和其他与柯瑞许谈过话的交涉人员要角，拍了段影片送进建筑物，希望对方意识到己方也是有血有肉的人。影片中，每人都将家人的照片拿得很高。3 月 8 日，双方僵持迈入第 9 天，柯瑞许也送了一卷录像带出来，里头影像可见到他太太瑞秋和几名孩子。正当交涉人员似乎又有了进展，贾马却在当晚下令截断迦密山中心所有用电。诺斯纳才刚帮忙安排把鲜奶运入建筑物，这会儿便接到施奈德质疑为何断电："没了电该怎么冷藏鲜奶？"诺斯纳向贾马询问断电一事，但贾马只回答此举与既定方针并无矛盾。

3 月 11 日，贾马一度造访交涉小组，讨论调度过来的 M1 艾布兰姆斯坦克性能如何。M1 坦克能长驱直入迦密山中心，似乎让他大感兴奋，交涉小组无言以对，但是两个小组之间建立起的互动模式已完全在预料之中。交涉人员在增进与柯瑞许的关系，协调让更多人安全撤出，本该相互合作的伙伴却在搞破坏。罗杰斯命人以高功率灯光照向迦密山中心的建筑物，并用扩音器播放古怪噪音：垂死兔子啼叫、图博人诵经、美国歌手南茜·辛纳屈（Nancy Sinatra）高唱成名曲《靴子是穿来走路的》（*These Boots Are Made for Walking*）。诺斯纳反对这样做，而贾马也向他担保一切到此为止，可是他的担保并未兑现。

明亮灯光与刺耳杂音还上了晚间新闻。有人会问，贾马为什么不叫停？还有一个负责行动的特别探员在帮助罗杰斯，显然他在值夜班的时候，除了骚扰戴维教众，没别的事好做。诺斯纳后来又花了好几个晚上，才终于说服贾马停止这徒增冲突的怪招。

尽管罗杰斯横加挑衅，仍持续有戴维教派信众撤出。3 月 19 日有两名信徒离开，3 月 21 日又走了 7 名。21 日当天，人质救援小组执行"清除行动"，压毁了一辆修复得相当漂亮的雪佛兰牧场主卡车。过了几天，"清除行动"又进行了很多次。施奈德质疑诺斯纳的交涉小组，既然双方合作良好，为何要有这样的单方面举动。谁也提不出满意的答案。

3 月 25 日，僵局迈入第 26 天，诺斯纳在轮调下不再领导交涉小组。他被调走后，再也没有戴维教派信徒得以撤离迦密山中心。

*　　　　*　　　　*

《大亨小传》的作者费兹杰罗写过："想测出一个人有无第一流才智，就看他能否同时怀抱两互斥观念而仍可运作。"诺斯纳看得出，柯瑞许便是游移于降与不降两个互斥的观点。但费兹杰罗的名句更能凸显罗杰斯与贾马力有未逮之处。

随着柯瑞许背约拒降，瓦科包围事件转向悲剧结局，自此，罗杰斯和贾马判定柯瑞许不可信任。两人在面对特殊形态的模糊因子（降与不降的矛盾心态）时，牢牢揪住最简单的解释，认为柯瑞许是在耍他们。一如以色列的齐拉和班德曼否认重大反证，罗杰斯及贾马也忽略了柯瑞许心中意图的变化无常。诺斯纳明白，柯瑞许既想离开建筑物，又想留下，他并未专擅独断，硬是定位柯瑞许的动机或信念。在交涉时，他曾直接和柯瑞许说："戴维，我不会假装能摸清你的想法和感受，这种事我想都没想过。"诺斯纳晓得，柯瑞许的盘算变动不定，但罗杰斯与贾马抓着片面的认知不放，选出转瞬即逝的某一时刻，将不稳多变的意向看作前后一致的阴谋。其实，柯瑞许所求为何，并无确切的答案。他和许多胁持人质者一样陷入困境，不怎么清楚该如何脱身。

诺斯纳和我说："照我的经验，绝大多数这类案子里，犯人都很困惑，拿不定主意。内心有一部分想死，有一部分想活。但我发现，警方和军方往往会想说，这些人是坏人，所以做的每一件事、说的每一句话都很坏，都不能相信。他们假定犯人脑海里有特定目标和诡计。"

罗杰斯与贾马觉得，柯瑞许言而无信，是有意"耍"他们，可视实际情况比两人所想更难以捉摸。毕竟，戴维教派信众原已准备充分要撤离，就连施奈德都似乎相信柯瑞许即将投降。

诺斯纳从未主张罗杰斯与贾马意欲害人，也未声称两人暗怀怨恨，不顾一切想报复。他向来不相信这种说法。诺斯纳只是认为，两人将世界看得太简单，当成"非黑即白"，不明白怎样应对模糊因子。原来，对矛盾心态的思虑会造成某种形式的认知失调，并且有可能落入同样的险境。研究者最近在直接审视矛盾心态时，证实了受测者在思考相互抵触的见解后流露的行为，和普路与合伙学者的实验所得相同：受测者会从晦涩难懂的图像中看出更多模式（即使根本无模式可言），也会更热切地表达信念。

优秀的交涉人才都能领略矛盾心态的作用，也都能自我克制，不从冲突的信息中妄下结论。像诺斯纳这样的交涉员，都有因下列这段诗人济慈（John Keats）的话而广为人知的人格特质：

> 我随即恍然大悟，成就功业者有何禀赋，文学才俊尤其如此，莎翁更见粲然大备……我所指，乃无所为之能（negative capability），即身处惶惑、奥秘、疑虑，却不着恼烦躁、急于追寻实情与事理。

　　拥有"无所为之能"，代表就算置身压力很大的环境，结论需求仍旧很低。这种能力有别于优柔寡断，单纯是指不会在复杂变动的现实中执着于单一方面，这是一种形态特殊的自制。临床精神科医师乔纳森·谢伊（Jonathan Shay）于《阿奇里斯在越南》（*Achilles in Vietnam*）一书提及格斗中的狂暴战士时便强调："一直以来，自制多少意味着将认知专注于局面中的多样机遇与风险。一旦自制荡然无存，人的认知天地便会简化为单一焦点。"

　　贾马与罗杰斯无能应付瓦科事件本身的多变难料。在包围迦密山中心期间，两人曾向新就任的检察总长珍妮特·雷诺（Janet Reno）做简报。他们犯的错误和齐拉少将向以色列决策高层报告时一样，都是未能呈现杂乱全局，仅提出足以支持自身先入为主评断的证据。贾马让罗杰斯随行，却未带任何交涉小组成员出席汇报。他向上层强调，柯瑞许涉嫌性虐待（尽管缺乏证据），官方有必要立即行动。

　　珍妮特·雷诺受蔽于片面之词，核准了使用催泪瓦斯。诺斯纳谈起瓦科案时说："最令我挫折的，大概是没能说服上级。"即使交涉有成，成效总嫌不足。

　　美国政府经历了瓦科惨案，试图从错误中学习，前密苏里州参议员约翰·丹佛斯（John Danforth）后来奉命调查吞没迦密山中心那场大火的起因，他的报告最终洗刷了美国政府的污名，罗杰斯遭撤下人质救援小组组长一职。他在作证时仍不认为自己有错："假如那天能有颗很灵验的水晶球，可以未卜先知，我们就不会往迦密山中心建筑灌催泪瓦斯。"珍妮特·雷诺指出，批准使用催泪瓦斯是她做过最困难的决定，但不愿谴责 FBI 的报告让她判断有误。诺斯纳在其后的卓越生涯里仍持续宣扬耐心交涉、压低情绪有何好处。他跟我说，甚至到今天，这种做法仍未获得应有的重视。

1996 年春天，FBI 有机会证明在瓦科一案后已改过迁善。激进民兵团体"自由人"（Freemen）在蒙大拿州乔旦之外的数座牧场定居。这批人声称全然不受美国政府管辖，屡屡挑衅当地执法部门，既不缴税，也无驾照。他们决意在金融、邮政、电信等方面犯下诈欺罪，并且威胁一名联邦法官。美国广播公司的新闻记者来采访，自由人拔出枪支，将摄影器材偷走。

FBI 诱捕了该团体两名主事者：李洛伊·史怀哲（LeRoy Schweitzer）和丹·彼得森（Dan Petersen）。彼得森在保释听证时对记者喊着："你们这些家伙瞧着吧，事情一闹起来，会比瓦科案还糟。"但他说错了。罗杰斯的继任者罗杰·奈斯利（Roger Nisley）与交涉小组合作无间，当地警方协助 FBI 划定宽松的包围半径，现场探员身穿轻便工作服，并未携带吓人的武备。他们降低整体氛围的压力，和在教室里的米歇尔·托马斯的做法如出一辙。FBI 运用第三方当中间人，而且培养信赖、善用时间、发挥耐心，使整场事件历经 81 天以"自由人"团体的投降作结。日后，这也成为美国史上历时最久的包围事件，双方谁也没开枪。

*　　　　*　　　　*

人的本能会想推翻模糊的证据或否定矛盾的意图，要驾驭这一危险冲动并不简单，但也并非做不到。很有效的第一步是，承认矛盾的心态远比大多数人假定的还普遍。在一本 2005 年出版、讨论政治矛盾心态的著作里，心理学家克里斯托弗·阿米塔吉（Christopher Armitage）和马克·康纳（Mark Conner）指出："大多数人对特定意识形态并不坚定。意思是，人们原则上会愿意聆听任何议题正反双方的主张。"若局面剑拔弩张，要应付他人的矛盾心态会更使人不快。但再怎么不快，该应付的还是得应付。除了承认矛盾心态，高层人士还能做的有，千万别让难容失序的人在剧烈或漫长的危机中发号施令。他们可以拿结论需求量表来评估人格特质，找出哪些人最容易受环境压力影响。[1]

诺斯纳以身示范的特殊形态自制，有别于普遍认为的意志力。

---

[1] 以下举个例子让读者明白诺斯纳面对压力时有多优雅从容。他答应试试本章先前提到的精简版结论需求量表。按题目顺序，他给的分数分别为：1, 1, 3, 1, 1, 1, 1, 1, 1, 2, 2, 1, 1, 2, 1。稍微一算就可知道他的总分是 20 分，只比每题都答 1 所得的最低分高 5 分。——原书注

前者无须延迟满足感，而且认真来说，也不能称为"自信"。其实，要应对与信念相悖的信息，自信反而可能有害。像齐拉和班德曼这种有高结论需求的人，往往无比自信，最不怕犯错，也最难多方诠释他人行为，或者以多种角度看待事情。让人吃惊的是，内在的结论需求也和智商无关。就学习而论，结论需求是重大变量，但学者在衡量人的智能时一般未加留心。社会心理学家米尔顿·洛克齐（Milton Rokeach）在详述自身理论，探讨心智的开放与保守时，便注意到这事有多么自相抵触。他抱怨说："看来，我们研究的确实是人的智能，只不过不是现行智商测试所评量的那种。"就他来看，是智商测试出了问题。

如前章所见，在聘雇更多诺斯纳这样的人之外，各机构不妨于适当时机凸显错误决策的后果，以求形塑看重模糊因子的组织文化。另一项重大步骤则可以更广泛运用于极为紧张的情势：在这类危机中，人必须有条理地设想局面的种种解释与结果。在情报领域里，之所以要设置立场相左的"红组"，背后用意便在于此。美国中央情报局在分析本·拉登下落时，一组分析人员已锁定目标在阿伯塔巴德某处花园，另一组分析人员则受命推想出目标不在该处花园漫步的所有理由。然而，这分组相互激荡的过程要想奏效，组织就必须严肃以对，而不只是照表操课。

瓦科事件恰恰少了这个过程。交涉小组、救援小组和指挥中心从来没有好好整合，让诺斯纳能够参与决断程序，导致 4 月 19 日清晨，武装车辆打穿迦密山中心的墙壁，灌入催泪瓦斯。所以在当日清晨，FBI 隐秘的监听设备才会录下这段不祥对话：

"帕布罗，你燃料洒了没？"

"你得把燃料准备好。"

"每个地方都得洒，才好点火。"

"把火柴给我。"

"点着了吗？"

"别让火熄了。"

第五章　医检过度：
　　　　何时该抗拒一探究竟的冲动

2004年6月下旬，有名留着赭色短发、戴眼镜的52岁女性发现身体有肿块。这名女士叫作特丽莎·托里（Trisha Torrey），居住于纽约雪城北方的鲍德温斯维尔，经营一家营销公司。肿块呈高尔夫球大小，很硬，不会痛。在做检验之前，特丽莎原本的医师无法确诊，便将她转给外科同行，于同日下午切除肿块，将检体送交化验。

过了一个星期，特丽莎还未获悉结果，觉得很奇怪，就亲自打给外科医师确认。医师告诉她，适逢国庆长假，化验检体的实验室人手不足，于是耽搁了下来。特丽莎又等了一个星期，外科医师才来电告知噩耗，说她罹患了罕见的癌症，叫"皮下脂膜炎样 T 细胞淋巴瘤"，这癌症太过罕见，检体还送至第二间实验室验证。医师保证会尽快为她安排肿瘤科医师诊治，特丽莎得接受化疗才行。

特丽莎挂上电话，努力想明白这一切是什么意思。可是处于这等时刻，再怎么想都是徒劳。她上网搜寻之后得知，罹患这种淋巴瘤等于被宣判死刑。肿瘤科的卫斯医生(化名)用词直截了当，坦率地吓人，他说如果特丽莎不化疗，就撑不到年底。卫斯医生安排特丽莎做断层扫描及验血，结果都呈阴性反应，但他仍坚持实验室检测出的阳性反应更有效力。他还说，病历显示特丽莎会潮热、夜间盗汗，而两者都是淋巴瘤典型症状。特丽莎提出了异议："可我 52 岁了耶！到了 52 岁，所有女人都会潮热、夜里盗汗！"卫斯医生向她担保，这些症状和停经无关。

起初，特丽莎没把患病的事告诉太多人。她有医保，但不足以给付所需的一切门诊与检验费用；再者，她不认为医师的诊断有道理。特丽莎定期打高尔夫，自觉健康得很。她只是拒绝接受事实吗？特丽莎把诊疗延了几个星期。可是，因为花了太多时间挂心病情，营销业务也受波及。8月一到，她终究得决定是否接受化疗。这时，卫斯医生生了病，由同事（权且称为贝特曼医生）接手诊治特丽莎。贝特曼医生催促特丽莎立即化疗。

和贝特曼医生谈完过了几天，特丽莎与几名生意上的熟人餐聚。"我喝太多了。"她回忆道。微醺下，她透露了病况，也表示想征询其他医师。当晚聚餐的其中一人刚好有名朋友是肿瘤科医师，而且隔天一问，也正好在治疗一名 T 细胞淋巴瘤患者（卫斯和贝特曼两位医师先前都未诊视过这种病），这位朋友帮她预约了下星期的门诊。为求效率，特丽莎也向卫斯和贝特曼的诊疗室索取病历，以免病历转送误了时间。

拿取病历后，特丽莎便等候预约日期到来。此时，她做了一件多数患者很少会做的事：详细分析诊察结果。特丽莎逐页阅读病历，查询生涩医学名词，还学会用谷歌搜寻希腊文字母。在仔细检视医师据以诊断的两份实验室报告后，她发现没有一份下了定论。她说："有一份是写'极疑似'，另一份是写与淋巴瘤症状'极一致'。"这种模棱两可的措辞是想避免诉讼吗？又或者暗示了实实在在的犹疑不定？

新的肿瘤科医师建议，将特丽莎的组织检体交给病理学家伊莱恩·贾菲博士（Dr. Elaine Jaffe），她在国家癌症研究院（National

Cancer Institute）工作，相当受到推崇。2004 年 9 月 20 日接近中午时分，准确来说是 11 点 28 分，特丽莎收到检验结果传真。"我就站在传真机旁边。一开始，甚至还没意会过来。报告和我预期的不太一样，并没说'你没得 T 细胞淋巴瘤'，上头基本上只说'没有恶性肿瘤迹象'。"特丽莎并未罹癌。

让人意外的是，这段误诊经历后来改变了特丽莎的人生。接下来好几年，她竟然出现创伤后压力症候群（post traumatic stress disorder, PTSD）的症状，会不时崩溃痛哭，有时候只不过是晚间新闻提及癌症，有时候是看到电影角色遭遇与癌症全然无关的磨难。尤其让特丽莎难以释怀的是，若非她亲自检阅，医师的误判几乎完全不会有人察觉，然后她就会因化疗而掉发、呕吐、食欲不振、体重下降、加速老化。最令特丽莎愤慨的念头是，若她能撑过化疗，医师想必会说，多亏他们妙手回春，才能治愈癌症。

特丽莎上网搜寻了一下，才知道这想象中的情景确实发生在别人身上。某报道提到了一件教人心痛的案例。有名妇人死于化疗后，她的先生才从私人解剖得知妇人一开始便不曾罹患癌症。

*　　　　*　　　　*

医师误诊其实普遍得让人心惊。由于症状可能模糊难辨，医师太常遗漏或忽视重大线索，受诊断的延宕、错谬、漏失波及的个案比例可达 10%~20%。据估计，在美国，每年因误诊而枉死的人数在 4 万至 8 万，考虑到我们对现代医学的信心，此数据真让人有点惶惑。一项 2014 年的研究指出，经乳房 X 光摄影检出而受诊治的乳癌案例，每 5 例就有 1 例其实不会威胁健康。另一项研究发现，病理学家在鉴定组织样本是正常、癌性或癌前时，错误率近 12%。还有一项研究提到，不同的医事放射师对 X 光片的判读有 20% 的机会彼此抵触。更糟的是，若放射师其后重新审视同一张 X 光片，会有高达 10% 的概率与自己原先的分析矛盾。撰写这份研究报告的 E. 詹姆斯·波千（E. James Potchen）写道：医学从业人士"在评判时往往以特有的方式跨越'犹疑'这道门坎"。说来教人忧心，某些表现最差的医学从业人士同时也最具自信。

　　甚至有证据显示，在某些医学领域，医师诊断的准确度一直未见提升。20 世纪 80 年代，布莱根妇女医院的研究人员比对了超声波、断层扫描、放射性核素扫描发明前，经由解剖所觉察的诊断疏漏。结果，新科技似乎并未改善事态。无论是六七十年代，还是 80 年代，医师有 10% 的概率未能发觉重大判断疏误，使病人难以延寿。至于未影响治疗的判断疏误则达 12%。1996年，威廉·克齐（Wilhelm Kirch）与克里斯蒂娜·莎菲（Christine Schafii）另有一项解剖研究检视了 1959 年、1969 年、1979 年、

1989 年的诊断失误，两人发现，误诊率在这些年份中稳定保持在 7%~12%，伪阴性（false-negative）的比例则维持于 22%~34%。当然，解剖的对象并非由所有死者中随机选择，而探知医事疏失的措施也与时俱进，但前述数据仍令人骇异。在另一份患者取样中，医事人员愈来愈常使用断层扫描与超声波来诊断盲肠炎，概率由 80 年代初的 20%，到了 90 年代末增长至超过 30%，然而误诊率仍固定在 15% 上下。

　　既然医学进步，医师怎么还是犯下这么多错误？一来，他们必须应付日益教人难以招架的大量信息。人现在拥有更多知识与工具，而当下的挑战在于发展出一套系统，以驾驭新知识带来的复杂事态与犹疑彷徨。与此相关的一项难题是，我们无法确定某种疗法是否适合用于某个症状，毕竟学者未必已有充分研究。医学研究者戴维·内勒（David Naylor）说过，"要是一直能有严谨的研究来评量"新科技，事情就会简单不少，但"现有数据常不足以引领实务"。内勒指出，将科技合并，结果是让"事态的多变不定呈马尔萨斯理论中的等比级数成长"。把两种科技合在一起治疗患者，会有两种使用顺序；而换成 5 种科技并用，排列组合将达 120 种。身兼外科医师与作家的阿图尔·加汪德（Atul Gawande）于 2002 年将大方向的议题概述如下：

医学的核心困境便在于犹疑彷徨：患者何以受苦、医者何以难为，而身为社会一分子，负担医疗支出何以懊恼？我们如今对人与疾病的认识更多，知道如何诊断与治疗，因此很难看清楚、很难领略犹疑彷徨如何深植于医事。但是，身为医者，你会发觉照料病患更常是应付未知，而非已知。医学的基础状态变化难定。对医病双方来说，睿智与否，全看怎样应对如此状态。

但是，医学教授薇拉·卢瑟（Vera Luther）和索尼娅·克兰德尔（Sonia Crandall）于2011年提到，"医事领域的文化难能容忍模糊与犹疑"。这两位和其他一些学者都主张，模糊因子应在医学教育中占特殊位置。原因很简单，模糊会引发"显著焦虑、挫折、幻灭，使人自我怀疑、自惭形秽"。就算是医师，也不喜欢自视为得将模糊线头即兴编织成作品的艺术家。把医疗实务想成修理手表，会让我们全都自在得多。但是，套用思想家唐纳德·舍恩（Donald Schön）的话，这比喻所透出的确凿肯定其实代表着"俯瞰沼泽的厚实高地"。

2011年，医学专家吉尔伯特·韦尔奇（Gilbert Welch）、莉萨·施瓦茨（Lisa Schwartz）、史蒂文·沃洛辛（Steven Woloshin）出了

本书谈过度诊断。书中以车辆警示灯为喻，来说明新颖医疗技术的另一困境。韦尔奇的第一辆车是 1965 年福特费尔兰旅行车，引擎只装有油压与油温两个传感器。后来买的 1999 年沃尔沃汽车则不可同日而语，装满了电子诊断装置，只可惜警示灯不太灵光。每次车子驶过隆起地面而剧烈一震，就有警示灯显示冷却系统出问题；而换成另一个传感器出状况，甚至会有灯完全不亮。修车技师坦承，车主根本就不该理会大多数警示灯。这个例子的重点是，随着诊断科技日趋敏锐，现代医疗体系也和韦尔奇那辆沃尔沃汽车愈来愈像难兄难弟，而且麻烦激增。

＊　　　　＊　　　　＊

特丽莎着手写信给与她的误诊有所牵扯的 13 位医师，全信写完后长达 10 页，细述了每位医师的角色，以及她所受的影响。她猜想，弊端有一部分出自老派的人性贪婪。在美国，肿瘤科是少数允许医师亲自向患者销售药物的医疗专业之一，因此许多肿瘤科医师都自营注射中心。特丽莎心想，卫斯与贝特曼两位医师之所以很明确笃定，多少和账面收益有关。

到了 2004 年年底，特丽莎已热切关心起美国的医疗状态。除了一篇又一篇报道，她还读过一份医学研究中心报告，报告指出，每年有多达 98000 名美国人死于医疗失误。她开始在博客探讨医疗议题，读了相关新闻，也会在博客分享观点。甚至还在上头公开个人详细经历。纽约雪城《标准邮报》的记者读到文章后，便来采访她。不久，她获邀由患者的角度向制药产业演讲。特丽莎成了"患者有能"运动（the empowered-patient movement）的一员，协助病友走出各自的保健危机。她跟我说，此中议题是："向来没人预期我们能学会怎样充分运用医疗体系，也没有人教。"

　　"患者有能"运动代表医患关系的重大变化。由20世纪70年代到80年代，大多数患者往往将医师视为无上权威。他们单纯遵照医嘱，未加质疑，而且无法取得个人病历。医师有时也不会告诉病人其身患何症，甚至连所领何药都不透露。杰伊·卡茨（Jay Katz）在1984年出版的重要著作《医者与患者的无声天地》（*The Silent World of Doctor and Patient*）便强调，不让患者参与医疗决断是何等不道德。迈入90年代后，医学院已开始训练学生尊重患者自主。在网络的蓬勃发展下，患者终于能迅速获取医学信息。一份调查显示，到了2005年，约有半数遭诊断罹癌的患者会获医师告知多种疗法选项，而其中有一半的人会自行决断。一般来说，这是很可贵的转变。通常，有充足信息的病人确实较有机会按各自病况做出正确决定。不过，"患者有能"运动也使得医疗决断更为复杂，毕竟，现在是医者与患者都有决断权。

　　如今，除了医者，患者也得意识到模糊因子如何有损于理性分析。向医师寻求初级照护的患者，大约有 2/3 的病症，即使经过检测仍旧难以解释或模糊莫辨。不难猜想，患者描述起症状不清不楚，会使医患关系紧张。2005 年，美国罗切斯特大学的心理健康学家戴维·西伯恩（David Seaburn）团队发表一份实验成果，结果非常有说服力。西伯恩和研究伙伴想知道，施行初级照护的医师怎样对待说不明白医学症状的病人。他们运用详尽脚本和多次面试来训练演员叙述病症，接着又招募一群当地医师，并安排两组演员隐匿身分求诊，将过程偷偷录音下来。

每位医师的头一名"患者"（有男有女）会描述典型的胃食道逆流病状。患者告诉医师：夜里感到胸痛，服了制酸剂后稍微舒服一点，而不同的食物会有种种影响。第二名患者则症状说不仔细，只提到略感紧张、头晕、胸痛，而且措辞教人一头雾水。西伯恩和研究伙伴誊写好就诊录音后将病患互动加以分类。

医师与 23 名"模糊患者"的诊疗问答看得出明确模式。他们有 22% 的概率忽视模糊的陈述，例如某位患者"模模糊糊"提及"胸口大致会痛"，医师便回应以"客观病因"：你会胸痛是因为胃食道逆流。研究者后来在分析医病互动时，将这些诊疗大半形容作"医师主导"。医师掌控了整个过程，并未请病人提供太多信息，而病人消极被动，一点也不"有能"。

但西伯恩的研究还揭露了一项令人不安的议题。许多医师不只是忽视模糊病状而已。77% 的人会承认症状不明，但在这之后就下起命令来。以下由西伯恩的研究引一小段对话为例：

> 患者：医生，你觉得我这是啥病？
>
> 医师乙：我不确定你为什么会胸痛。我想，该给你照个内视镜，看是不是有溃疡或肿瘤。

嘱咐患者做检测好获得更多信息，原本没什么大不了。可接下来要提的小小细节，医师就推不掉责任了。研究者发现，遇上病人模糊描述症状，只有 3 例里的医师会试图打听额外信息。也就是说，医师在 23 次诊疗中只有 3 次会敦促患者把病状讲明白。

安排患者做检查，可让医师免于思索模糊因子。至少在这份研究里，身体检测给了医师一条过于简便的退路，不必进一步苦思患者病灶。医师莉萨·桑德斯（Lisa Saunders）于《患者各有经历》（*Every Patient Tells a Story*）一书写道："最常见的诊断失误很明显是结论言之过早，一有了足以解释大多数甚至全部检查结果的诊断，医师就会下定论，而不会自问……还可能是别种病症吗？"西伯恩的研究意味着在科技介入后，医疗困境会更令人苦恼。

＊　　　　＊　　　　＊

2011 年，《纽约时报》报道了知名运动医疗整形外科医师詹姆斯·安德鲁斯（Dr. James Andrews）一场巧妙的准实验（quasi-experiment）。受安德鲁斯治疗过的体育好手包括德鲁·布里斯（Drew Brees）、佩顿·曼宁（Peyton Manning）、艾米特·史密斯（Emmitt Smith）、查尔斯·巴克利（Charles Barkley）、迈克尔·乔丹（Michael Jordan）、罗杰·克莱门斯（Roger Clemens）、杰克·尼克芳斯（Jack Nicklaus）。安德鲁斯认为磁共振造影扫描也许会误导医师，于是他让 31 位职业棒球投手接受磁共振造影扫描。扫描报告显示，27 人承受异常的肩回旋肌伤害，28 人受到异常的肩软骨损伤。问题是，这批投手经安德鲁斯细心挑选，每个都很健康，未曾受伤或提出有任何疼痛。原来，磁共振造影极能侦测反常状态，但未必能清楚显示反常状态的实际影响。

"你想找借口给投手的投球肩膀开刀的话，就让投手去照磁共振造影。"安德鲁斯说。这件事指出了高度灵敏的医疗检测有一大缺点，投手和其他人一样，有种种身体缺陷，而这些缺陷大多数全然无害，但医疗检测过于活耀的"警示灯"却闪个不停。

可以说，各式各样的医疗检测几乎要让患者灭顶了，可是有太多案例的检测结果根本看不出愈来愈多的断层扫描、磁共振造影有什么好处。保健政策专家香农·布朗利（Shannon Brownlee）于 2007 年的《过度治疗》（Overtreated）一书主张："每有一份扫描报告协助医师正确决断，就会有另一份遮蔽了全局，害医师走上歧路。"

西伯恩与学术伙伴的研究显示，安排检测或许会沦为应付不明症状的"取巧"手段，使人误以为有了短期结论。可是，如果测出的结果本身就不明确，如果"警示灯"时有失误，难道不会使得检测一而再、再而三，乃至没完没了吗？苏妮塔·莎（Sunita Sah）、皮埃尔·伊莱亚斯（Pierre Elias）、丹·阿瑞里于 2013 年的研究便指出有此可能。

苏妮塔·莎推测，若检测结果模糊难断，医师或许会要病人再检查一次。她纳闷，在筛检前列腺特异抗原以判定是否罹患前列腺癌时，要是结果难有定论，会不会引来较危险的二度检测。3 名学者招募了超过 700 名受测者，年龄在 40~75 岁，将这批人随机分配进 4 组实验情境。第一组在获悉前列腺切片的风险与优点后，就得选择是不是要进一步切片检查，还得回答决断有多笃定。其余 3 组同样读到了前列腺切片的风险与优点，却也得知此类筛测的基本信息（这项筛测是切片与否的参考）。接着，他们得假定筛测所得是正常、异常，或未能判定。就受测者所知，"未能判定"表示"没有信息可分析罹癌或未罹癌"。最后，他们得决定要不要进行假想的前列腺切片。

按理说，未有定论的筛检结果丝毫不会左右受测者施行切片风险的意愿，但苏妮塔·莎等学者却有不一样的发现。第一组受测者选择前列腺切片的比例仅 25%，假定筛测所得为"未能判定"的受测者则有 40% 决定切片。考虑到"未能判定"清楚意味着"没有信息"，后者的比例增长算是相当高。不知怎地，受测者一念及"未知"就心生惊慌，采取侵入性更高的检验。

既然前列腺切片不仅有风险而且昂贵，前述比例增长也就并非无足轻重，苏妮塔·莎将问题形容作"一探究竟的冲动"。在本例和其他类似案例中，人投入调查行动而获得模糊解答。由于在压力下特别厌恶模糊因子，人会宁可择取更危险的检测，希望能有确切的答案减轻焦虑。

苏妮塔·莎告诉我，这自我驱策的冲动"会在筛检所得模糊不清时导向额外且有可能过度的检测"。她并不否认在美国还有很多别的原因造成过度医检，例如金钱动机，以及将避免涉讼当成治疗目的的"防御性"医疗，显然都是庞大议题。不过，苏妮塔·莎说，学者忽略了一项重要因素：筛测未有定论、模糊令人生厌、检测受人坚信，三者引起自发的连串医疗检验。2013 年，《美国医学会内科医学期刊》编辑德博拉·格雷迪（Deborah Grady）也有类似见解，她援引证据指出，在退伍军人事务部某医疗中心，有 20% 的心肌灌注扫描遭滥用。这比例和在其他医疗机构差不多。但格雷迪表示，退伍军人事务部的医师采薪水制，也不常有医疗纠纷，这相符的比例暗示过度医检有比金钱动机与防御性医疗更深层的根源。

这几年，由医学期刊报道愈来愈多的实例可看出，未有定论的检查结果在引向更多检测或危险的疗法。在某案例中，有名身患轻微气喘的五十余岁男子需要动疝气手术，术前评估一切正常，但考虑到患者年过五旬且患有气喘，医师为求保险，安排了胸部 X 光检查。X 光片显示，病患肺部内有 7 毫米的组织结节。放射师一看，又安排了计算机断层扫描。扫描报告未见肺部结节，倒是揭露右肾上腺另有一团结节，放射师于是特别针对此处安排了第二次计算机断层扫描，才确定这团结节并无妨碍。等到动完手术，男子已多忍受了 6 个月的疝气疼痛，更别提还担心罹患癌症。更糟的是，一开始为了他这类病况的患者所安排的 X 光检查是否重要，从头到尾都在未定之天，但是竟然因此多了两次进一步检验。这一点充分说明了苏妮塔·莎等 3 名研究者所设想的"一探究竟的冲动"。

*　　　　*　　　　*

医学专业人士不只意识到过度医检之弊及种种成因，也着手匡正弊端。根据最近一项估计，美国每年因过度治疗而浪费约 2000 亿元。2014 年一份由医师填答的调查显示，73% 的受访者认为，不必要的医疗检验与程序是严重的保健议题。问到为何会偶而犯此错误，36% 的人说是"以防万一"。诚然，医疗状况易变难定，特别会使人情绪起伏，此中牵扯的利害关系极大，而所有人也都晓得，固执地鼓吹检测，确实有时也能建功。这份"以防万一"的本能不能也不该被全然妖魔化，我们必须更为通透地权衡风险与报酬，在照料与过度治疗间取得较适切的平衡。

2010 年，《内科医学期刊》充当开路先锋，刊登"少即是多"系列文章，详尽描述在何种确切条件下，缩减医疗照顾能带来更好的保健成果。他们知道，一份检验报告所发现的异常但终究无害的身体状况会导向更多检查，而每多出一项检查或一道疗程，都会增添患者心理负担并夹带风险，有可能使患者暴露于放射线下或引起并发症。该期刊编辑于 2011 年写道："没有检测百无一害，即使非侵入性检测也是如此。通常，少即是多。"

要协助医师利落决断并非易事，而这也说中了想让病患当家作主所面临的局限。若连怀抱善意、一心救人的医者都不免挣扎，难以抉择特定检验何时适用、如何运用，我们又怎能预期患者会更高明？到了 2007 年，就连特丽莎也渐渐看出前述运动的缺点。有些人告诉她，他们也想多加掌控自身的保健，但病得太虚弱，力有未逮。对许多病人来说，最有好处的一件事是更加理解医疗体系，不至于在其中迷航。但他们既乏时间，也无资源，难以成事。

再者，不少患者的心理状态并不适合将医疗抉择完全掌握在自己手里。

除了让更多人认识到模糊因子如何干预诊疗的效力，最简单（自然也最容易）的做法是提供给医患双方合适的资源。例如，在明尼苏达州，具备合作社性质的组织"保健伙伴"（Health Partners）注意到，磁共振造影与断层扫描的使用次数每年增加15%~18%，于是推广让"国家放射线医学规范"在医师每次要安排扫描时出现在病人的电子病历上。据估计，经历两年变革，该行动有助于避免两万件不必要的检测，节省了1400万元。《内科医学期刊》也再接再厉，刊登了"国家医师联盟"各种"前五大"名单，凸显了哪些重要领域可借由减少医疗介入而显著提升照护质量。这些名单可以在网络浏览，里头往往提出了让人吃惊的"应避免"事项。比方说，你知道小孩子不该服用治疗咳嗽和感冒的药吗？其实，几乎没有证据显示，无处方的咳嗽及感冒用药能减缓咳嗽，甚至缩短感冒持续的时间。尽管事态显明，在美国，每10个孩子仍然有1个会每周服用这些药品。在此之前，社会大众已逐渐认知到，无须经常接受乳房X光检查，某些药品弊大于利，等等，而这类倡议让民众又上了重要的一课。

国家医师联盟其他的建议则直接针对过度医检：别看到孩子头部轻伤就不假思索安排医疗扫描；别为不满20岁的女性施行

子宫颈抹片检查；别嘱咐冠脉心脏疾病风险低的患者做年度心电图检验；除非有危险征兆，别在下背部疼痛 6 周内造影观察。非营利组织"美国内科医师学会基金会"展开了一项运动叫"明辨慎选"（Choosing Wisely），要求各医学专业学会就医师与患者应质疑事项开出"前五大"名单。目前为止，有超过 55 个学会协助指明了超过 275 项浮滥的检验与疗程。

　　此运动大为成功，就连加拿大医学协会也决意仿效，于是有了 2014 年春的"明辨慎选：加拿大版"。这些运动强调，减少医检与定量配给无关，而是要挑战"多多益善"这条金科玉律。也就是说，要面对事实，明白纵使科技进步，排定检查未必是问题的最佳解方。有太多时候，依赖检验反而有害。2013 年，一份锁定住院医师的研究揭示，医师盯着计算机看的时间比面对患者的时间多出 3 倍不止。但是，许多诊断光是与患者详谈就能得出结论。虽然科技相当诱人，能教人心生"笃定"，但较为明理的做法通常是诊治"病人"，而非诊视"扫描报告"。

＊　　　　＊　　　　＊

　　新科技似乎给了人一条逃离彷徨的快捷方式，而医学并非唯一有此现象的领域。新兴科技常给盛赞为万灵丹，在开发中世界尤其如此。"一童一电脑"计划（One Laptop Per Child）于 36

个国家分发了超过 200 万台笔记本电脑，便是非比寻常的实例。若能假定阻拦贫穷国家孩子展翅翱翔的首要关卡是"信息渠道"（而非根深蒂固的国情体制），自然会让人宽怀不少。但是，有份对该计划的研究显示，秘鲁学生有了电脑后固然整体认知技能提升，课程出席率却不高；不只用于学校功课的时间不见增加，数学及语言能力也未获成长。情况类似的还有大规模开放式在线课程的发展，这些课程提供免费在线教育，被奉为前景大好的社会进步良方。然而脱贫方案与社会服务的实情向来是，天底下没有能让弊端一击毙命的银色子弹。

就解决医疗困境而论，医学保健科技（特别是造影技术）也许格外吸引人。毕竟，这类科技让人一"窥"原先不可得见的身体器官，仿佛终于找到了一扇窗户，可以窥见人身如何运作，即使所见十分朦胧，仍然受到欢迎。可是（先把我原先借用的警示灯比喻摆在一旁），人的身体与心智并非机器，不是接上计算机后就能简简单单判定哪里出了差错。这两者有别于汽车零件，并未遵循单纯的因果规律。

将人与机器模拟，还在另一个同样利用新科技的领域造成严重问题。这个领域叫"神经法律学"（neurolaw），是将大脑造影运用至刑法。例如，显示脑部异常的神经造影结果便被当成证据，使杀人罪犯免遭判刑。根据杜克大学法学院妮塔·法拉汉妮

（Nita Farahany）所创建的数据库，2004 年至 2012 年，神经科学证据起码在 1600 件案子里获法院列入考虑。有名辩护律师在提出正子摄影报告以证明被告的道德清白时，甚至还指着报告夸夸其谈："我们将这张漂亮的彩色图片放大来看，这张图证实，这家伙的大脑有个地方坏掉了。"陪审团相信了。

毫无疑问，科学家借助脑部扫描而大有斩获，本书这一路以来也涵盖了不少相关突破。不过，大脑图像也好，身体图像也罢，都未必表示因果关系。脑部异常与肺部结节一样，不必然代表身体出了差错。马里兰大学的阿曼达·巴斯提妮克（Amanda Pustilnik）在讨论神经法律学沿革时，把神经科学在法律上的应用拿来参照骨相学、龙布罗索（Cesare Lombroso）的犯罪生物学、精神病外科治疗（psychosurgery）。巴斯提妮克写道，这些都"脱胎自一项先入之见，认为暴力行径是大脑特定区块所致"。但行为暴力的根源一如健康欠佳的成因，都不是起自于人身，而是种种外在因素穿透身体留下的痕迹，而这些迹象往往幽微模糊。

加州大学欧文分校的神经科学研究员詹姆斯·法伦（James Fallon）在检视了变态杀人凶手的脑部扫描后，对于将这项技术应用到刑事案件表示怀疑，他说："神经造影还不成气候，诠释扫描报告要注意的细腻差别实在太多了。"先前，他在冥冥之中碰上了奇特转折。因为实验室需要正常大脑的影像对比异常大脑，法伦也做了正子摄影，教他意外的是，自身前额叶的反应和他长期研究的变态杀人凶手的如出一辙。法伦并未忽视这不无讽刺的结果，而此插曲也揭露了问题症结。毕竟，法伦从未伤害过任何人。

没有人能怪医师、科学家、政府决策者热衷于新技术，为之振奋不已。不过，有新方法窥探人身人心，不必然表示能看得更清楚。有时，误以为有所知，比全无所知还危险。

*   *   *

2013 年 4 月，特丽莎又察觉到高尔夫球大小的莫名肿块，这次是在后臀低处的皮肤底下。肿块又圆又硬，像是石头，而且也许是邻近较敏感的神经与肌肉，竟然会痛。接下来一小段时间，创伤后压力疾患的症状于多年后首次复发，她也惊慌起来。但她提醒自己，自前次发现肿块后，整个人大有转变。再说，如果前一次并不是罹癌，这一次又为什么会是呢？

如今，特丽莎换了另一位叫布朗（Dr. Brown，这是真名）的初级照护医师。计算机断层扫描显示，肿块大概不是恶性的。不过，布朗医师说，结肠有时会长小肿瘤，为求保险，想将特丽莎转给一般外科的医师。但特丽莎并未任由摆布。

"我就只和医生说：'我宁可不要。先看看什么都不做会怎么样。'"特丽莎接着说，"再说，外科医师只会说我得动手术，对吧？"布朗医师笑说："这一点我倒不能和你争。"特丽莎整段经历值得留意的一大方面是，医师对肿块的诊断从头到尾没对过。她跟我说，"没人晓得原因，没一个能给这症状安个病名。"但凭特丽莎所知已足以猜想肿块也许并无妨碍，会自然消退。于是，她不打算动手术，反而问医师有没有可行的替代方案能先试试。布朗医师开了3个星期份量的抗生素，然后静观肿块变化。

3个星期后，肿块便消失了。

第六章　裙摆争端：
##　　　　以未知为策略

长着酒窝颚的约翰·费尔柴尔德（John Fairchild）是《女装日报》（*Women's Wear Daily, WWD*）的编辑，他让这份一度乏人问津的小小杂志摇身一变，成了时尚界举足轻重的刊物，批评者嘲笑这份刊物是"恐怖小报""时尚界的毒舌圣经"，但设计师心知该杂志的影响力叫人敬畏。《浮华世界》杂志曾形容费尔柴尔德是"时尚报道择的龙头"[1]（Citizen Kane of the fashion press）。不过，费尔柴尔德在 20 世纪 70 年代初遇上难关，他以个人与《女装日报》的名声为赌注，大胆预测这一年会流行起裙摆超过膝盖 10 厘米的中长裙。时间一个月一个月流逝，费尔柴尔德对中长裙的背书仿佛看走了眼、押错了宝。

在伦敦和巴黎，中长裙大行其道，但在美国，热潮不易炒作。1970 年 3 月，《生活》杂志的封面故事就叫"裙摆大论战"。对费尔柴尔德和其他与中长裙有利益牵扯的人来说，绊脚石是美国人对迷你裙死心塌地。《生活》杂志写道："处境最残酷的是那些大量生产的成衣制造商，他们现在就得决定秋季的供应量，也因此得担负届时存货太低的严酷风险。"较谨慎的设计师打算让中长裙在秋季款式中占 5%，大胆一点的则想定在 40% 以上。夏季才刚开始，位于曼哈顿的百货公司邦维特·特勒（Bonwit Teller）就表态，要让中长裙占存货的 95%。持怀疑立场的时事报道对解决争议也没有帮助。就在《生活》杂志刊出文章后几天，《新闻周刊》接力登了篇封面故事谈"裙摆之战"，文中引述演员保罗·纽曼（Paul Newman）等人排斥中长裙的说辞，纽曼发起牢骚："设计出那种东西的人竟然可以不受追究，实在可耻至极。"

---

1 典故出自电影《公民凯恩》（*Citizen Kane*），主角查尔斯·凯恩（Charles Kane）为富可敌国的报业大亨。

法国总统庞毕度（Georges Pompidou）则为另一方发声，说端庄、优雅的中长裙为"爱情"增添了"神秘感"。

素有名气的设计师断言迷你裙时日无多。香奈儿拼死也想挖个坑把迷你裙埋了，她称迷你裙是"女人用来诱惑男人的武器中最可笑的"，还把短裙说成"很不得体，露一堆肉出来"。迷你裙会大为流行，有赖于英国设计师玛丽·匡特（Mary Quant）1964 年的手笔。到了 1966 年，这种解放长度的裙子已从迪斯科舞厅和特立独行的女装店挺进美国办公室与校园。在 20 世纪 60 年代以前，年轻女性的穿着往往和上一代没有两样，但在这之后的世代见证了披头士狂潮、首位女性航天员、《1964 年民权法案》、口服避孕药，自有其时尚偏好。紧身束腰不见了，裙摆上提，鲜明色彩取代了商务套装的灰暗，剪裁也更为大胆、自由、性感。

这时，服装可用来传达幽默感，加了摁扣与拉链之后看上去更加活泼，但保守派的设计师认为，这些改变将使他们地位不保，而迷你裙正是这新时代的缩影（用香奈儿的话来说，是来自于"街上"）。鄙视迷你裙的人不只香奈儿一个。1967 年，古德曼百货公司（Bergdorf Goodman）一名顶尖销售员甚至声称："那些爱现的人把衣服拉到臀部，是对时尚一窍不通。"知名设计师诺曼·诺雷尔（Norman Norrell）也很老古板地抱怨："'优雅'出局了。这年头，设计师这一行很妙，也很让人挫折。"

问题不在于裙摆放得多低，而在于提得多高。行政管理协会[1]调查后发现，52% 的公司雇员能接受裙摆在膝上 5~8 厘米。不过，裙子愈做愈短，在 60 年代尾声，迷你裙的裙摆已至膝上 15 公分厘米。旧金山有位设计师淡定解释说："现在的裙子分成微迷你、微微迷你、'我的天哪'、'警官好'。"这下子，裙摆算是提到顶了。同时，有更多女性渐渐觉得，穿了迷你裙后花枝招展的模样，与其说是女人当家作主，不如说是上了男人的当。服饰业向来求新求变，这会儿好像又到了试验放低裙摆的时候。时间来到 1970 年，女装设计师察觉到一扇机会之窗。

中长裙并非凭空现世。在 60 年代末，设计师便尝试回归较长的裙子，也为此奠定了基础。《纽约时报》1968 年有篇报道的标题宣称："'大胆'就是裙子长度到小腿一半。"该报道说，先生们即使喜欢看别的女人穿迷你裙，还是宁可太太穿中长裙。到了 1969 年秋，格洛丽亚·吉尼斯（Gloria Guinness）这类时尚名媛早把衣柜里的裙子全换成中长裙。"不止这样，"吉尼斯在受访时补充，"在巴黎，每个时髦的女孩子都穿中长裙。"中长裙似乎正在取代裤装。而帽子可能也要卷土重来，毕竟，一套中长裙服饰得搭配帽子才完整，那种与迷你裙相衬的波浪式长发终

---

1 行政管理协会（the Administrative Management Society）是位于美国首都华盛顿特区的组织，研究各类组织的管理策略和方式，提供建议。

于要被赶到流行圈外了。据说在邦维特·特勒百货，迷你裙搁在架上乏人闻问。"中长裙热"仿佛就要全速席卷而至。

由上可知，费尔柴尔德在 1970 年 1 月宣称中长裙会是该年的时尚新貌，并非异想天开地瞎猜，迪奥、纪梵希、圣罗兰等时尚品牌都将女装款式的裙摆放低。而经济因素或许也推波助澜。景气艰难，时装业随人力与物料成本上升而利润下降，如果中长裙成为消费者必购产品，纤维制造商与布料工厂的销量就会倍增，纽约第七大道上时尚产业的营业额也会增长超过 30%。

在华盛顿特区，中长裙于 2 月上市，时机抓得并不准：春季将至，错过了最寒冷的冬季气候。《华盛顿邮报》反应很快，指出成衣商将"下跌的收益"怪罪于"下放的裙摆"。尽管设计师和欧洲女性对中长裙一头热，美国人却觉得把迷你裙说成老古董，要他们改买中长裙是强人所难。就算要买，也不打算把裙子全换掉。

各式团体把这当作古板保守派想独断时尚潮流，于是起而抗议。在洛杉矶，茉丽·瑞汀·亨特（Juli Reding Hutner）成立了一个组织叫"泼妇"（Preservation of Our Femininity and Finances, POOFF），旨在维护女性的个人特质与经济状况。一周内，会员人数由 19 人飙升至 1000 人。亨特说："他们别想遮住我们的腿，别想遮住我们的眼。"汽车保险杆上的贴纸则写着："把中长裙撩起来。"而洛杉矶市市长山姆·约尔提（Sam Yorty）也同意将3月一整星期定为"泼妇周"，来颂扬该行动。"泼妇"组织还在百货公司外头设立摊位，要求反中长裙。

"最晚到秋天，我们就能赢。"亨特预估道。

男士也组成了异议团体。投资银行老板尼尔·尼特尔（Neil Kneitel）设立了"爱护美膝男士协会"（Society of Males Who Appreciate Cute Knees, SMACK）。在内布拉斯加州贝尔维尤，反中长裙人士于购物中心聚众抗议。在纽约，"国际爱腿男士协会"疯狂寄发陈情信给每位国会议员。捍卫中长裙的一方措手不及，便把这突然爆发、教人不解的反中长裙情绪怪到媒体上头，从未报道过时尚的记者这时都写起了中长裙与迷你裙的拉锯战。善于评论时事的电视主持人戴维·弗罗斯特（David Frost）还为此做了一集特别节目，设计师唐纳德·布鲁克斯（Donald Brooks）在某次受访时尽力以沉稳语气主张："女士们都准备好要改变了，而她们有没有察觉到这点都无所谓。"设计师杰弗里·比恩（Geoffrey Beene）也有同感，并且补了一句："时尚业是时候走起正经路子了。"

＊　　　　　＊　　　　　＊

前面几章检视了人如何应对已经发生的疑难状况，但是"未来"当然也模糊难明。我们掌握了客观实情与数据，有些数据还十分可靠完好，但这些合在一起会造成怎样的局面，往往很难预料。趋势与新兴科技的发展，常常不按照清晰可辨的规则。

我一直用"彷徨"和"犹疑"等词汇，来指涉人面临模糊信息所起的心态，但讨论起"预测"，若能辨明另一项使人彷徨犹疑的因素会很有帮助，那就是"风险"。所谓有风险的选择，是指结果未知，而成功的概率已知。想想抛硬币的情况吧。你很确定硬币以正面或反面朝上的机会是一半一半，却不知道这一抛之后朝上的是哪一面。而本章聚焦于模糊因子下的选择，即左右结局的规则未明，使成功的概率难以确知。

美国前军方分析师丹尼尔·埃尔斯伯格（Daniel Ellsberg）进行过一项知名的思维实验，能说明风险与模糊的区别。假设有两个瓮子各装有 100 颗球，但红球与黑球的比例不同，你得从其中一个瓮子取一颗球出来。若取出的是红球，可得 100 元；取出的是黑球，就一毛钱也没有。一号瓮子里红球和黑球的个数由 0 到 100 都有可能，二号瓮子里则红球与黑球各半。埃尔斯伯格发觉，若问受测者想从哪一个瓮子取球，大多数会选二号。不管选哪一个，都是要么得 100 元，要么得不到半毛钱，然而受测者多半挑选红黑比例已明的瓮子。由这实验可看出人在预测事态时对模糊因子的厌恶。

2010 年有份研究将瓮子实验略作更动，奖赏换成果汁，施测对象改为恒河猕猴。结果显示，人会偏好可以估计的胜算，是出于牢固的根本机制。杜克大学本杰明·海登（Benjamin Hayden）团队发现，猴子也是宁愿选择已知的概率，就算这么选并不高明。改成黑猩猩和倭猩猩，结局仍旧不变。最近由耶鲁大学伊法特·列维（Ifat Levy）主持的实验指出，就算模糊情况仅占部分，受测者还是不愿投向未知。有位受测者宁愿选红签、蓝签明确各占 50%，而非 75% 的红蓝签比例不明的瓮子。由前者抽中红签仅能得 5 元，由后者则可得 34 元。

脑科学已证实，人在面对模糊（而不只是有风险）的胜率时，杏仁核和眼窝额叶皮质较活跃，这一点暗示了模糊因子本质上更能牵动人的情感。以下两例也是同样的状况。一例是让受测者打赌会不会抽出某张牌，另一例则相当巧妙，打赌会在特定日期出现高温的是纽约（已知概率）或塔吉克（未知概率）。就算有精确胜算，要是我们对此毫无所悉，还是得在模糊因子下决断。在现实世界，少有重大决策能全然掌握制胜之机。即使结局的演变相对清晰，人也不必然知晓怎样取得此信息。如何根据不明胜算预测将来，影响着一系列个人决定。在商界，误判模糊胜率的损害尤其大，说不定会导致破产。

*　　　　*　　　　*

目前在德勤服务公司(Deloitte Services LP)任职研究总监,并出书论述商业议题的迈克尔·雷纳(Michael Raynor),于2007年著作《策略矛盾》(*The Strategy Paradox*)中举出一项惊人事实:若拿表现最好的公司比较,"跟蒙羞破产的公司比较相似,与勉力求存的公司则无太多共通点"。也就是说,雷纳指出破产的公司和极为成功的公司有相同特质。在某些市场里,与冲天成就相对的并非无底失败,而是不上不下。

雷纳的关键研究检视了好几千家营业公司的经营策略,收益最为丰硕的策略称作"投入型"(committed)。所谓"投入",意指押宝未来,起手无回。想想邦维特·特勒百货把95%的存货换成中长裙的赌注:押对了宝,投入型策略便大有好处,因为其他公司得花一段时间才能赶上。如果中长裙销量让迷你裙望尘莫及,邦维特·特勒百货自然供货无虞,但销售一空的竞争者只能焦急等候重新下订。等对手有了新货,邦维特·特勒百货大概早就海捞一笔。雷纳的研究发现,投入型策略若非大胜,就是大败。投入大量资源的公司所得最多,所失也最多。他主张,"既然最有机会成功的策略也最有机会失败",要想大有突破,功成名就,经常得依靠运气孤注一掷。

比如,在网络兴起与MP3格式广受采用这类全然无可预料的事件中,赢家未必头脑最好,却通常运气最佳。战争、油价、天灾（一束闪电引起大火，烧毁整座半导体工厂）……无穷无尽的未知发展，造就商场上的成王败寇。在零售业，模糊因子很大部分来自于生产隔一段时间才上市的产品。光是要摸清顾客喜好，在许多商业领域已属不易，要想知道顾客6个月后的好恶甚至更难。不管公司打算贩卖的是独家商品，还是改头换面、降价出售的商品，都极容易在下订时决断有误，酿成存货问题：也许是供不应求，错失商机；或者更惨，供过于求，剩余货品无处可去。

思科公司曾在一场"供应链灾难"中注销了22亿的亏损。《纽约客》杂志解释道，这表示该公司"花了20亿元买的原料、零件、产品完全不可能卖得掉或用得上"。思科还裁员18%，总计超过8000人。2013年，目标百货（Target）在澳洲的销售额受创，据估计，包括冬装在内的滞销货物价值达1亿元。想变现、清除多余存货，最简单的方式是打折、抛售、销毁。有家公司甚至打起广告，说是很擅长销毁"销售期满存货"，诸如未售出的桌上游戏、玩具、球员卡。无论如何，终究是金钱损失。

再者，若被迫减价出售，要宣传商品打折，常常又是额外支出。全球规模极大的葡萄酒商富邑集团（Treasury Wine Estates）最近宣布，要扔弃价值3500万元的过时老酒，并且把折价与回扣的总值调升至4000万元。消息一出，该集团股价下跌12%。存货如何管理，没有简单的答案。潮流来来去去，难以预料，教人发狂。2006 年，搔痒娃娃艾摩 10 周年版是小小消费者的必备玩具，提振了玩具公司美泰儿（Mattel）获利。美泰儿因而在来年圣诞季打算故技重施，再赚一笔。玩具反斗城还贴出告示，限定每个家庭只能购买两个搔痒娃娃。不料，艾摩最后在架上无人闻问。2007 年 12 月，某市场分析师笑称，搔痒娃娃"超特别"版该改名作艾摩"剩超多"。

在成衣产业，要在供不应求与供过于求间冷静寻路，尤其困难。例如，2012 年年初，服饰品牌 A&F 就为了存量过多而费了好一番工夫。该公司生产了太多衣服，不得不转向大规模促销。新增的分店不计，前半年店面销售额下降了 8%。最迟到年底，A&F 才调整了过来，使产能减缓，整体存货与前一年相比减少35%。不过，到了 2013 年第一会计季度，先前的努力显然矫枉过正。这会儿，问题变成产量不足以因应需求。业绩比预期低 17%。A&F 表示，有高于一半的亏损都是库存惹的祸。

要预测反复无常的顾客将来想买什么，本就是项挑战。雪上加霜的是供应链上有种特别恼人的险恶现象叫"长鞭效应"（bullwhip effect）。这条"长鞭"经消费者挥动，由零售商、批发商、制造商，一路至原料与零件供货商，而消费者需求的变动便在这传向供应链上游的过程遭放大。举例来说，几年前宝侨注意到，帮宝适尿布在凯玛特超市（Kmart）和喜互惠超市（Safeway）等通路，销量变化还算合理，但经销商订单却显示令人意外的相异情况。在检视订单后，宝侨与 3M 等供货商联系，发现波动幅度甚至更为明显，惠普也察觉自家公司供应链有相同模式。主要经销商的销售额有变动，可是经销商订单的变动更大，而惠普的打印机部门向集成电路部门下的订单又更见起伏。

长鞭效应将消费者需求的常态消长化为财务梦魇。1997 年，斯坦福大学的李效良（Hau Lee）与研究伙伴阐述了这等难以预测的摆荡，在杂货业造成的后果：

> 遭扭曲的信息导致供应链里每一实体储备物资，以因应极其难明而变化极大的需求。受到影响的包括工厂仓库、制造商的接驳仓库、市场仓库、经销商的中央仓库、地区仓库、零售店的储货空间。

需求的波动引起一连串小小缓冲，积累过量货品。菲律宾德拉萨大学的艾达·薇拉丝蔻（Aida Velasco）估计，就高端时尚与品牌商品而论，等需求传至供货商，变动幅度可能高达 10 倍。换句话说，如果公司认为皮夹克销量可至 100 件（加减 5 件），供货商就得准备 150 件皮夹克的原料，而这样的皮革量太多了。2012 年，研究者审视超过 4000 家美国公司，发觉有 65% 遭"长鞭"

波及。

　　说到底，过度囤货的根本成因是误判模糊胜算。就算是在高端时尚这种难以预料的产业，业者也往往高估了预测未来的能力。

*　　　　　*　　　　　*

　　1970 年，秋日时尚季将至，费尔柴尔德对女装潮流的大胆预测正要接受检验。到了 9 月，迷你裙与中长裙的夙仇已成不容轻忽的财务烦恼，许多人的名声与财富都走到成败关头。布鲁明戴尔百货（Bloomingdale）的时尚总监凯瑟琳·墨菲（Katherine Murphy）向记者厉声说："听好了，这不是闹着玩的游戏。我们有笔好几百万元的生意得经营，想赚大钱可不轻松。全公司的经济状况，就看迷你裙有没有按照我们的盘算被市场淘汰。"

　　批评人士说，中长裙太老气，穿了让人"立刻长了年纪"（迷你裙阵营的人很喜欢拿这话来讽刺中长裙），还说中长裙让女性看起来像"一袋马铃薯""奶油蛋卷"，或"套上保温套的茶壶"。又说中长裙含蓄的风格比较适合有篷运货马车里的乡巴佬，不适合都市人。注重花费的女性也抱怨，穿中长裙似乎就得多花钱添购服饰配件。有名女记者于 9 月一访萨克斯第五大道精品百货（Saks Fifth Avenue），详细记述了购买中长裙的实际开销：中长裙，23 美元；毛衣，15 美元；腰带，14 美元；帽子，7 美元；

靴子，起码 28 美元。这会儿，反中长裙的游说团体也加紧脚步，还获得华盛顿特区"反专制设计师"（Fight Against Dictating Designers）和纽约"女孩／男孩反裙子加长"（Girls/Guys Against More Skirt）两组织助阵。

尽管敌方攻势猛烈，费尔柴尔德与《女装日报》拒不让步，其人其刊全力"投入"，仍旧大胆断定"美国女性的打扮如今将有改变，而对迷你裙死心塌地的拥护者会被挤出时尚圈，无人理睬"。《女装日报》甚至嘲笑前第一夫人杰奎琳的裙子较短，尖酸刻薄地形容她是"过往女装之鬼"[1]。该杂志还将社会名媛的照片并列，指出其中未穿中长裙的那位因为"裙摆老是很高"，而不幸在时尚阶层往下掉。

邦维特·特勒百货的总裁威廉·法恩（William Fine）早已将数百万美元赌注在中长裙上，虽然极具影响力的《女装日报》画下了最后防线，法恩依然日益焦虑。他下令百货里的女性职员穿起中长裙，9 月的备忘录里也紧张兮兮地要求推销员每日抽出 15 分钟集思广益，想出推广中长裙的策略。法恩写道："我们的秋季业绩是好是坏，就靠接下来的 4 周了。你如果关心邦维特·特勒，就只有一个选择：让我们合力'追求成功'。"

---

1 "过往女装之鬼"典出狄更斯《圣诞颂歌》一书中的"过往圣诞之灵"（the Ghost of Christmas past）。

10 月，结果揭晓，让法恩大为沮丧。有记者写道："第七大道哀鸿遍野。"《纽约客》一幅漫画描绘一名穿中长裙的女销售员，被穿迷你裙的女性掐着脖子。"天地良心啊，小姐，"女销售员张口惊呼，"我们要是有迷你裙，早拿出来给你看了。"某服饰公司的总裁在《华尔街日报》上宣称："中长裙已死。"加州比弗利山的萨克斯第五大道精品百货更是从来没这么忙着修改裙子长度，因为女性顾客想把买的裙子改得更短。在里根（Ronald Reagan）竞选州长连任的募款大会上，450 名女性与会者仅有 3 位穿中长裙。

《佛瑞斯诺蜂报》还开了个玩笑，煞有其事发了篇讣告："死者：中长裙；死因：美国女性剧烈排斥。"就连声援《女装日报》的人也在《波士顿环球报》上坦承败战：第七大道"叫苦连天"，设计师为了中长裙的凄惨大败而怨怒交加。伊利诺伊州格伦埃林有家服饰店为中长裙办了一场假葬礼，整家店悬挂黑帘，以蓟草和曼陀罗草根装饰店面。现场展示的棺木装了一件中长裙和一本《女装日报》杂志，"追思者"人手一杯血腥玛丽。

如今回顾起时尚预测的发展，仍能听见中长裙这场大败的余韵。邦维特·特勒百货吞下庞大损失，曾是高价位服装一大制造商的马尔康·史塔公司（Malcolm Starr, Inc.）在"'沐浴'于沉重存货"后宣告破产。1973 年 5 月，事件已过了近 3 年，仍有服饰制造商囤积着较长的裙子，难以变现。这般严酷的失败使百货公司变得较不愿意放手一赌。毕竟，套句采购员的话，那时"我们全成了落水狗"。

*　　　　*　　　　*

正当裙摆大战于美国打得如火如荼之时，欧洲有位商人却即将扭转现状，让旗下的服饰公司不再受制于供应链问题，以及随之而起的错误预测。他之所以能成功，之所以能够巧妙应对时尚预测的险关，可回溯至师法美国超市所得到的灵感。这一切，得从超市连锁"小猪扭扭"（Piggly Wiggly）的创新说起。

"小猪扭扭"的创办人克拉伦斯·桑德斯（Clarence Saunders）19 岁在杂货批发业找到份工作。他天生有商业头脑，预见了一种新型商店，并于 1916 年将酝酿已久的伟大计划付诸实行。在 20 世纪初，大多数杂货店和现在的肉贩摊子有点像，店员站在展示柜后面，听顾客直接指明要买的东西，再由身后架子取下货品，还通常是一次拿一个。如果顾客要买咖啡或奶酪，店员也会将咖啡磨好，或把奶酪切块秤重。总之，农产品由不得顾客自行挑选，许多店家甚至连价格都标示不清。顾客可以付现，也可以等店员最后加总好款项后记在帐上。有些客人会来电订货，再付笔小钱让货物送至家里。

桑德斯将彻底改变此种做法。他认为，让销售员送货所浪费的人力太惊人了。为了应付尖峰时间，店家势必得聘雇多名店员和送货员，但到了生意清淡的时段，同一批人便坐领干薪。桑德斯看出了避免两难窘境之法：让顾客自行选购的话，他们或许也乐得很。他在该年 10 月为这奇特的新型"自助商店"申请专利，就申请书所示，商店呈短而结实的 M 字形，入口在左侧底部，出口在右侧底部。桑德斯的商店设有走道，让顾客边走边挑选罐头与农产品，而早先存放于柜台后大桶里的面粉，桑德斯则打算分装成小包出售，方便顾客买了带走。将一间老杂货店改建成全新格局的"小猪扭扭"后，他把营运成本比重由 15% 压低到 4%，而且只运用原本的空间就办到了。

"小猪扭扭"将实质上作仓库使用的空间转化成真正的商店，移除了顾客与商品间的阻碍，也省去供应链的一道环节。这下子就不再有仓库了。最晚到 20 世纪 50 年代末，桑德斯的自助概念已成为常规。1956 年，丰田汽车一名叫大野耐一（Taiichi Ohno）的工程师造访美国，对这种超市模式印象最深。丰田汽车为求改进制造体系，早已仿效起美国超市。但自助模式如此成功，仍让大野耐一相当难忘，这么做似乎远比传统日式挨家挨户的销售有效率。毕竟，略去仓库（和中间人），照道理是能减轻顾客因无法全然掌握采买而起的彷徨的。

　　后来，大野耐一将此超市模式拿来对比日本人买豆腐的传统做法。据他解释，卖豆腐的小贩会在清晨沿特定路线叫卖，并以笛声宣告自己就快到了，新鲜豆腐就这样直接送到顾客门前。不过，也不是想买就一定买得到，要是卖完了，就得冲到豆腐店去买。另一方面，若想叫人把青葱送至家里，总不能只用两根就买两根，得一次买一把。大野耐一写道："你会想说'干脆再买些萝卜'，于是到头来，这么买法就很不经济。"豆腐迷们和宝侨的经销商一样，都会多订一点以防万一。明日诚难测，今日便多买一点备用。

　　积存货品以远离模糊因子，是长鞭效应的一大推力。事实上，每种形态的采购都有助于舒缓各式心理冲突所引起的焦躁。我们都喜欢用钱来逃避人生中棘手的取舍：也许是有意购买两条裤子，但钱只够买一条；也许是想支付抵押贷款，却又迫切需要放假；也许是时间有限，无从兼顾职场目标与养儿育女。只有富裕的人才有办法用钱摆平他们的内心冲突，低收入家庭只能和冲突引发的未解压力缠斗。在这对比之下，宝侨的采购经理和有钱的豆腐买方如出一辙，是借由略为高过需求的采买来摆脱彷徨与犹疑，他们买了一条出路，宽慰因未知而萌发的焦虑，正如同投保能买来心安。其实，单就风险来看，人就是因为厌恶模糊，才招致不合理的保险支出。例如，人寿保险的受灾概率较为清楚，但人宁愿为了难以预料的地震支付超出必要的保费。

就大野耐一来看，顾客到超市，能在恰需用货的时间买到恰合需求的商品，买进恰合需求的分量。超市缩短了供应链，降低了顾客的彷徨，而既然顾客更能掌握采购过程，也就无须囤货。大野耐一在丰田汽车的改革与此类似：只在顾客下订特定汽车时，才追加相关零件订单，借以提升供应链效率。用他的话来说，这代表"要拿 10 个零件走，就只先做 10 个零件"。他不再试图预测需求，而是设置一条简单规则，让丰田汽车只补足顾客买走的货品。从此，触发制造程序的不是预测，而是顾客的决断。

丰田汽车将生产制造与顾客采购紧密相连，省下了推测顾客多变偏好的成本及徒劳。后来，该公司生产体系逐渐转向以订单为准，而非假想的不具名消费者。这套系统后来被称作"及时生产"（just-in-time），固然花了好几十年才尽善尽美，却也使丰田汽车这家公司极具效率，举世闻名。而在 20 世纪 90 年代初，某服饰公司出了记奇招，聘请丰田公司的顾问来协助运用此系统。

＊　　　　＊　　　　＊

阿曼西奥·奥尔特加·高纳（Amancio Ortega Gaona）家境贫寒，出生于西班牙一座居民约 60 人的小村落，在 4 个孩子中排行最末。他的父亲是铁路工人，在孩子还小时经常举家迁移，最后定居西北海岸的拉科鲁尼亚（A Coruña 或 La Coruña）。该市常受雾气包覆，邻近崎岖的死亡海岸（Costa da Morte），之所以有这样的名字，因为这里的历史传说处处是船难的死亡故事，而拉科鲁尼亚市当地的神话，也有很大部分是讲述暗黑魔法与巫术的民间故事。

奥尔特加12岁那年看到母亲想向杂货店赊账遭拒后，便决定辍学。他日后回忆，在目睹此一插曲的当下，立即明白了该做何事。奥尔特加不去上课，改而为当地某衬衫制造商工作。他一辈子所受的正规教育自此结束，而在时尚业的生涯随之展开。

据传，好几年后的某一天，奥尔特加和未婚妻看见商店橱窗内有件丝绸女性睡衣十分华美，但贵得吓人。那时他早已有娴熟的裁缝技巧，便以极小的花费缝制类似衣物，博取未婚妻欢心。不久，他就经营起制作服饰的生意。

奥尔特加最终得享成功，靠的是解决同样使大野耐一苦苦思索的难题：能否移除供应链中某些麻烦的环节？他和大野耐一一样，对预测顾客需求不感兴趣。他的目标是建立能迅速反应的完善体系，以便在制作衣服的同时避免囤货。用奥尔特加的话来说，这套方法是"五指接触工厂，五指接触顾客"。

他从与批发商打交道的经验得知，等到生产的服饰在商店贩卖，顾客付的钱会多出原定价格两倍不止。店家通常将利润垫高到8成，以支付固定开销，并防范商品滞销带来的损失。奥尔特加认为，要削减3~4成零售利润并不困难。首先，他打算涉足零售，直接配销服饰。概括来说，奥尔特加的一生大计，是精简在他看来太过冗长松散的供应链。在当时，服饰的生产制造与店面销售，实质上互不相属，店家订购卖不动的服饰和错估卖得动的数量，已属家常便饭。奥尔特加相信，解决之道是让顾客与制造商间有更直截了当的反馈循环（feedback loops）。

20世纪70年代起，奥尔特加实行48小时送货制。收到零售店订单后，配销中心得在两天内将货物送出。在他眼里，服饰近似于鲜鱼或酸奶等容易腐坏的产品。他会说，鲜鱼很吸引人，但很快就发馊。当然，衣服式样少，送货快捷也无济于事，因此奥尔特加的通路贩卖款式也比别家商店多得多，而且每隔几周就会把库存汰换一新。这等前所未闻的做法意味着产量得是对手的5倍。

衣服花样更多，生产速度更快，有着或许连奥尔特加都没预料到的优点。这会儿，每款都是小量生产，而衣服也因为量少、流通快而散发独家专属、错过难寻的氛围。一来，顾客所穿的服饰并非千篇一律；二来，顾客也晓得，喜欢哪一件就得立即买下，晚个几天也许就要抱憾。至于这一手段的其他两大好处，奥尔特加想必了然于心，其一是在应对趋势变动时更有弹性，其二是小量生产减轻了投注失准的损害。式样受欢迎便迅速补货，不受欢迎就随即停产，亏损不至于太大。要做到这一切，奥尔特加必须打造成衣业前所未见的物流机制，而他的"快速时尚"品牌也将使整个产业天翻地覆，开创新局。

＊　　　　＊　　　　＊

　　纽约第五十街北边的第五大道，具体展现了扰动旧有时尚阶层的变革，奥尔特加的旗舰店 Zara 就位于第五十二街转角，与 Zara 在快速时尚领域一较高下的瑞典品牌 H&M，则把店面开在第五十一街，而夹在 Zara 和日本快速时尚品牌优衣库（Uniqlo）之间的，是 A&F 旗下品牌霍利斯特（Hollister）。截至 2014 年 3 月，A&F 还在探索怎么将霍利斯特重新定位为快速时尚品牌，以求与 H&M、Zara、优衣库一类公司竞争。在不远处的第五街，设有大师级品牌范思哲的店面，在 Zara 对面，则可见菲拉格慕（Salvatore Ferragamo）、杰尼亚（Zegna）、劳力士（Rolex）等品牌店面。

　　Zara 的设计概念来自四面八方，包括那些定价更高的竞争对手。数以百计的时尚探子环游世界，走遍时尚区、商业区、俱乐部、酒吧、大学校园，想找出最新的流行风格。服装设计所采用的线条、颜色、衣料主调，并非出于推测，而是浮现自顾客当下购买的产品，有许多设计更是精心取材自高端竞争者的成功商品，再以较为实惠的价格贩卖。近 10 年来，Zara 的手法大有斩获，使快速时尚品牌打入高档女装一度神圣不可侵犯的黄金地段，让纽约的时尚地带焕然一新。

如今，Zara 扩及全球，每日至少增开一家新店，虽然在美国相对不受人注目（获利大部分来自欧洲），于第五大道开店的成本却高过换算成今日币值的路易斯安那购地案 [1]（the Louisiana Purchase），而这惊人的一点也证实了奥尔特加筚路蓝缕走来，走出了何等成就。在 1975 年开设首家 Zara 店面时，他原想参照电影《希腊左巴》（*Zorba the Greek*）片名，把店叫作"左巴"。字母的模子本已铸好，不料与几条街外的酒吧撞名，于是奥尔特加将字母几番排列组合，最终定名为"Zara"。Zara 由西班牙扩展至葡萄牙，其后遍及欧洲各地，乃至全世界。但在扩增版图的同时，支撑着品牌的概念仍旧不变：服饰风格的设计与付诸实现要更快、更有弹性，而且小量生产；回应顾客所欲，而非妄加推断。

零售商若能把制造与销售间的延宕减半，就等于只需预测比原先少一半时间的变化。而奥尔特加拥有完整生产线，使设计与销售仅仅相隔两星期，并以极快的速度、便宜的成本制造高端时尚产品。如此大幅改进，无人能及。2000 年，他的控股公司印地纺（Inditex）的账面销售额高达 24 亿元。Zara 一方面学习丰田汽

---

1 路易斯安那购地案是指 1803 年，美国政府从法国手中购买法属路易斯安那的土地，这片土地不只包括现今的路易斯安那州，几乎与当时美国国土面积相当，美国政府花了大约 1500 万美元（若换算成现在价值，超过 4000 亿美元）。

车将生产制造直接扣连顾客采购，另一方面又仿效美国超市移除供应链环节，去除不必要的囤货。其实，奥尔特加的店根本不设仓储空间，而以商店为仓库。

奥尔特加尽可能不预先投入特定式样，以免推测失准，大祸临头。在销售季前6个月，Zara只会绑定该季存货的15%~25%，比起其他零售商的40%~60%还要少。在销售季开始时，Zara的总款式还有多达一半仍在设计中，但其他时尚连锁品牌仅留20%的弹性空间，以应付新起的潮流。印地纺能这般迅速反应，原因之一是超过60%的商品生产于西班牙、葡萄牙、土耳其与摩洛哥等邻近国家，而自家工厂的产能有85%用来应付当季服饰销量。

奥尔特加向记者科瓦东高·奥谢（Covadonga O'Shea）说："如果产品卖不动，我们有能力彻底废止该生产线；我们只需要几天工夫，就可以为款式添上新颜色，或创造新风格。"要是某项设计未获好评，这项失误也不会旷日持久、损失惨重。实际上，奥尔特加假定旗下设计师偶尔会失手，并将此预期融入于营业模式。印地纺的设计师每年得推出超过3万种式样，其中约18000种供Zara商店贩卖。若某样商品大受欢迎，便会有同款的3~4种变化等着站上生产线。

Zara极富弹性的风格相当传奇，种种事迹有时听起来像是拉科鲁尼亚民间故事中，雾气弥漫的场景。有个广为人知的例子发生在"9·11"惨剧之后。纽约市经历了恐怖攻击，气氛严峻，一时间，Zara 的秋季马术主题显得格格不入。其他店家为了货品滞销而大伤脑筋，Zara 却成功在两周内换上色调较为素净暗沉的商品。

电影《凡尔赛拜金女》（*Marie Antoinette*）于 2006 年 10 月上映（后来获奥斯卡服装设计奖），Zara 不久就在设计里融入该片的衣饰元素：金钮扣、短衣领、天鹅绒基调；流行天后麦当娜的西班牙巡回演唱会到了最后一场，青少年歌迷已经买得到她在第一场穿的衣服款式；西班牙菲利浦王储（现已继位）2003 年宣布订婚，未婚妻一袭白色裤装十分亮眼，多亏了快速时尚，几周后全欧洲都可见女性穿起了白色裤装。要是单肩小礼服突然流行起来，奥尔特加灵活的供应链就会将这类服饰送至店面；如果过了几周，流行消退，对供应链而言也不成问题。2001 年，Zara 生产了一款销售速度惊人的卡其裙，上市几个小时就贩卖一空。这款裙子原本只铺货 2800 件以测试人气，在确知裙子大为畅销的一天内，Zara 便迅速推出同款各种变化，并运销海外。反过来说，即使裙子乏人问津，亏损也有限。

Zara 的快速时尚手法似乎也改变了人们购物方式，出于冲动的消费行为增加了。式样不断换新，顾客到 Zara 置装的次数也更为频繁，有份研究指出，Zara 的西班牙顾客造访次数平均

17 次 / 年，多于竞争对手的 3 次 / 年，而由于单项产量少，每款各尺寸只有 3~5 件，Zara 的存货折扣仅在 15%~20%（平均折扣仅 15%）。印地纺在欧洲的竞争者则与此相反：据估计，有 30%~40% 的库存不得不打 7 折出售。

哥伦比亚大学商学院的尼尔森·弗雷曼（Nelson Fraiman）教授曾大力宣扬，奥尔特加的成功代表程序创新（而非产品）。印地纺的反应速度来自于掌握了物流，Zara 在拉科鲁尼亚市外的主要配销中心就位于生产工厂之间，与各工厂以超过 200 公里的地下轨道相接。在那栋占地 40 万平方英尺的建筑物里，输送带延伸至 5 层楼高，使衣服落入超过 400 条滑道，最后以硬纸板纸箱包装妥当。此系统每周可配销 250 万件衣物。而在街对面的印地纺总部 [昵称作"立方体"（The Cube）]，市场专家与设计师在广阔的开放空间中协力合作。服饰原型一经设计完成便可当天现场制作。如此做法所费不赀，却是重要优势。

竞争对手竭尽全力与奥尔特加的模式一较高下。2012 年，Esprit 宣布新任执行长是印地纺前任配销暨营运经理后，股价上涨了 28%。普拉达（Prada）、路易威登（Louis Vuitton）等高端时尚品牌，将全年制造的款式由 2 款增至 4~6 款，巴塔哥尼亚（Patagonia）把每年上市的式样增加一倍，班尼顿（Benetton）将新式样每周运往店面一次。优衣库和美国快速时尚品牌 Forever

21 则设法在 6 周内将新款服装送往店面，逼近 Zara 2 周送达的标准。但印地纺的供应链花了几十年才成形，他人不可能在短时间内全盘复制，例如，盖璞（Gap）与 H&M 便欠缺印地纺那样的中央生产能力，所以弹性有所不及。盖璞某主管就抱怨："我也想学印地纺的营运章法，可那就得把公司打掉，从头做起。"

＊　　　　　＊　　　　　＊

奥尔特加说过，"想做大事，自满会是很可怕的陷阱"，还形容乐观是"非常负面的情绪"。他虽然已不再扮演积极任事的管理阶层角色，在主事期间显然不是个爱听恭维的人，一听到粉丝滔滔不绝赞美 Zara 的设计，他会打断他们的话，转而询问有哪些地方不合他们心意。奥尔特加从未满足于所知，而且很早就决定绝不享有实体办公室，这是为了逼自己贴近设计师，实际于总部各厅漫步穿行。这样一个男人，在 2012 年足堪与巴菲特（Warren Buffett）角逐全球第三富豪之位，财产仅次于墨西哥电信大亨卡洛斯·斯利姆·埃卢（Carlos Slim Helú）和比尔·盖茨（Bill Gates）。那时，印地纺已成为全球最大的服饰零售商。

小公司面对反复无常的市场，成败关键是 CEO 能否容忍模糊因子。20 世纪 90 年代晚期，瑞典有份研究发现这一变量极其重大，牵涉到公司是不是能有更好的财务表现。研究者也检视了

CEO 的自信程度，结果，其自信程度对公司的获利与产能全无影响（尽管似乎能提升顾客满意度）。不过，Zara 的成功所反映的，不只是奥尔特加个人怎样面对难以预料的事物，毕竟，谦卑而有弹性的人格特质是一回事，以无知为基础打造新的商业模式又是另一回事。

奥尔特加借由承认潮流难料而开创了全球最大的时尚零售商品牌，这也显示时尚界那些受雇来预测趋势的专业人士何等无能，对自身的一无所悉何等不知不觉。Zara 之所以能有备受瞩目的成就，靠的正是奥尔特加坦承如下实情：即使就短期而论，人也往往无法确知胜算如何。

毫无疑问，时尚的起起落落仍会无从推测。2013 年 5 月，中长裙好像又成了时尚宠儿，声势几不可挡。英国一间数一数二的在线时尚商店表示，与去年同期相比，中长裙销量成长 200%。时尚作家丽兹·琼斯（Liz Jones）预料，到了秋季，中长裙的销量甚至会更盛。截至 2013 年 12 月，琼斯似乎所料不差。另一名专栏作家写道，多亏了维多利亚·贝克汉姆（Victoria Beckham）和妮可·舒辛格（Nicole Scherzinger）等明星，中长裙成了"这个冬天必备的时尚服饰"。《每日邮报》的网站也大肆声张："较为端庄的中长裙已正式取代了迷你裙。"与 2012 年"派对季"相比，时尚品牌 George at ASDA 的中长裙销售额成长 174%。

该品牌发言人铁口直断："迷你裙的年代结束了。"

*　　　　*　　　　*

本书第二部分探讨了想解决模糊因子的冲动如何在人脑中根深蒂固，如何面相各异常常十分危险。人在艰困的时候，容易受心理压力所迫，进而否定或不顾与信念相违的证据，把模糊未明硬是当成确凿清晰。焦虑使人不快，逼着人紧紧扣住生活种种范畴里的观点与信念，而这些范畴往往与焦虑的起源毫不相干。我们若察觉事态失衡，可以试着从冲突未决的概念或事件中厘清失衡的起因，而在下决断时，想办法提醒自己其后的影响和当下的结论需求，有助于避免慌乱地抓住处理疑难的新手段，或者过于固执地坚守旧解。

人很容易将实实在在的矛盾心态误解为口是心非、别有算计，所以，在试图判定他人意图时，无论这人是员工、老板、顾客，还是朋友，一定要体认到，矛盾心态比我们通常所假定的还趋近人性。在同一时间对同一事物既迎又拒，其实极为常见，甚至可看成人类意识的基本面。要是能考虑到高压的场合会使人更轻易忽略此项实情，也会很有帮助。概括来说，必须在压力下应付模糊情境的组织，不妨确保让结论需求低的人能留在决策过程核心。

我们还要知道，寻求更多信息也未必能解除模糊。在医学领域里，想找寻更加详尽的证据，有时候会暗藏风险。科技怎么样都无法根除人类疾患内含的难解情况，就如同想解决贫穷问题绝对没有万灵丹，因为变量实在太多。医师能做的是忍着不去安排进一步检测，而患者也可出力把检测挡下。拟定"前五大"名单这类措施相当重要，能减少过度医检，使医疗照护少一点，效果多更多。

　　人的结论需求非常有力，深植于我们理解世界的方法。光是培养对结论需求的认识，了解其运作还不够。要对抗结论需求的危害，意味着设计出种种体制、程序、系统，使人比较不会在至关紧要的时候屈从天性，以至于非谋求定论不可。能胜任各式交涉的人，会在面对变动、片面、看似矛盾的信息时保持沉稳，在决策关头给予适切提醒，可以降低结论需求。未来诚难测，我们可以把这份认知融入应对世态的手段，设法迅速应对变动，而非妄加推测。人不必然得厌恶模糊，不必然得因此而全无作为。接下来几章会指出，在适当条件下，接纳彷徨会是创新之机，启发人想出更有创意的疑难解方，甚至让人更趋完善。

PART THREE
Embracing Uncertainty

第三部分
接纳彷徨

第七章 冠军摩托车：
为什么需要时时存疑

在2004年的世界摩托车锦标赛（MotoGP），意大利车厂杜卡迪（Ducati）本该战果丰硕。2003年，杜卡迪便以GP3摩托车赢来对手的敬重，而车队经理立维奥·萨波（Livio Suppo）表示，新的GP4型号已在3条赛道上跑出更快的成绩。

MotoGP摩托车是高性能原型，产量仅个位数。正式车队如本田（Honda）、杜卡迪、川崎（Kawasaki）、铃木（Suzuki）、雅马哈（Yamaha）、艾普利亚（Aprilia）各派两名选手参赛，在这场环球研发对抗中耗费惊人。私人车队也可以用购得的前一年型号参赛，不过通常会因此处于劣势。

MotoGP 摩托车"噼啪"一声加速，直线速度可超过每小时 200 英里，选手必须艺高胆大，身手出奇敏捷。请想象驱乘一台引擎有 230 匹马力的机器，绕过 U 字形弯道：摩托车倾斜 60 度，膝盖与赛道厮磨；四面八方的对手要和你比智慧，比勇气，或想直接以气势吓得你出错；而一出错，说不定就会没命，要是摔了车，滑过柏油路面外的松散砂石（昵称作"猫砂"），能保护你的就只有护具、安全帽和袋鼠皮做的赛车服。话说回来，这已算是不幸中的大幸。赛程平均为 70 英里，选手一圈圈骑完全程大约需要 40~45 分钟。

胜利来自于团队的努力。赛道状况不一，有的能产生较强抓地力，有的弯度更大或直线赛段较长，车厂得在赛前特别调校摩托车。有时，赛况不佳的车队会在赛季中大幅变更设计，但一般只是微调，把避震器、车身底盘、轴距或其他零件校正个几毫米（而非厘米）。赛后，分析师会收集各圈时间、最高速度、胎温、油耗、引擎转速等确切数据。在赛季进行中，选手与工程师紧密合作，找出问题，增强摩托车效能。

总而言之，杜卡迪的 2004 年车队面临许多企业都会有的

挑战：权衡取舍、解决疑难。研发在此中扮演重要角色，因此
MotoGP 设有 3 种冠军头衔，分别颁给选手、车队、车厂（私人
车队的成绩也列入考虑）。而这也说明了何以技师可能自认为比
选手还重要，在杜卡迪，工程师将选手称作摩托车的"超昂贵传
感器"。

2004 年赛季于 4 月展开，杜卡迪的忠实支持者仍如往常般乐
观。现任冠军瓦伦蒂诺·罗西（Valentino Rossi）离开了表现一流
的本田车队，与惨遭击溃的雅马哈车队签订价值数百万元的合约。
大多数人都期望，罗西的转队会使本季比赛鹿死谁手仍在未定之
天，杜卡迪的选手洛瑞斯·卡比洛西（Loris Capirossi）便热血地说，
2004 年将是"人人最有机会"的一年。普遍预测，卡比洛西的队
友特洛伊·拜里斯（Troy Bayliss）会在本季大有突破。

据《悉尼晨锋报》报道，在南非的第一场赛事"并未如预期
形成杜卡迪问鼎冠军的情势"。卡比洛西位居第六，拜里斯位居
第十四。经历西班牙一场大败，两人在法国拉曼的局面也不见好
转。杜卡迪出师不利，只好在季中换上另一个引擎。9 月，拜里
斯若有所思地说："今年真邪门。"10 月，他告诉记者，杜卡迪
的 GP4 型号不够快，而罗西无人能敌。用他的话来说："我不晓
得这是怎么了，我又不是工程师……但我知道摩托车什么时候差
不多会说：'你今天要摔车了。'我是老经验的车手，不会耍笨

摔车。"最终,卡比洛西的总成绩是第九名,而拜里斯于 16 场比赛中有 8 场未能骑完全程,在初期甚至 4 场就摔了 3 场,没法连续完成赛事。

2011 年,哈佛大学商学院教授弗朗西丝卡·吉诺(Francesca Gino)和加里·皮萨诺(Gary Pisano)重新审视了杜卡迪的 2004 年 MotoGP 赛季,撰文于《哈佛商业评论》发表,当期刊物的议题专门探讨"失败",这是在探究一项当时还十分新颖的概念,即失败如何带来好处。概括来说,"失败"迫使人在事态背离盘算时,重新省思旧有的笃定信念,原先自以为理解的事情成因这时都不得不强行加上模糊因子来检视。

杜卡迪 2004 年至 2007 年的赛况,相当符合这样的论述。车队于失败蒙羞后转趋谦卑,在 2005 年、2006 年两季稳定进步,并在 2007 年由车手赢得锦标赛冠军,这还是 30 多年来首次由非日系车厂生产出了冠军车款。到了 2007 年赛季尾声,罗西扬言退出雅马哈车队,逼着车厂为他制造更快的摩托车,杜卡迪的萨波形容这是观念的胜利。

不过,吉诺与皮萨诺在阐述杜卡迪这段历程时,并未如专刊中其他许多文章那样,聚焦于这一类惯见的反败为胜故事,而是注意到更复杂,也更给人启发的模式。

其实,杜卡迪在 2003 年就参加了 MotoGP。这次参赛经过细密规划，工程师于 GP3 型号投入了 19000 小时的心血，受控道路模拟超过 1000 小时，风洞检测达 120 小时，在全球 10 条赛道测试约 40 天。CEO 克劳迪奥·多梅尼克利（Claudio Domenicali）说："2003 年赛季主要是为 2004 年铺路。"这一年，是学习之年。

可是，杜卡迪进展之佳，很快就超出预期。在 3 月一场试车排位赛里，卡比洛西骑出每小时 204 英里，追平了当时的 MotoGP 纪录，拜里斯则速度居次，罗西称杜卡迪的表现"引人注目"。有名记者则写道，这让竞争对手"心理遭受打击"，也"暗示这可能不只是逐步茁壮的一年而已"。

如此出人意料的成果延续至该季在日本铃鹿的首场赛事。卡比洛西位居第三，站上了领奖台，而拜里斯位居第五。"我们原本只想着在全年拿到一次前三名，好站在领奖台上。现在，我们已经领先了梦寐以求的进程，"杜卡迪发言人说，"我们非常兴奋，也正努力着继续脚踏实地，绝不能被冲昏头……在试车之后，我们一直很有信心不会输给别人，但这会儿是往一群鸽子里扔进一只猫，可有好戏看了。"在西班牙，拜里斯也站到了领奖台上。

而该季的第六场比赛由卡比洛西夺冠。

杜卡迪震惊了摩托车赛界。但吉诺与皮萨诺很敏锐地指出，该车队 2004 年的败绩似乎正是 2003 年出人意表的胜果造成的。可以说，杜卡迪唯有历经连场胜利才会惨败，也唯有在失败之后才又有所改进。这种诠释的独到处在于把商业书籍及文章中屡见不鲜但分开陈述的两套说辞合在一起：失败可以有益，成功可以有害。

如果说这两套说辞分开来看有点怪，合起来看甚至会更怪。总不能说失望是好事，而成就是坏事。毕竟胜利不必然导向失败，正如荒腔走板的努力未必都能歪打正着。再者，若两种说辞都为真，企业就会陷入杜卡迪经历过的循环，起了又落，落了再起。可事实是，有些公司依然是赢家，有些公司仍旧是输家。

所以，实情究竟为何？

合并而论，杜卡迪在 MotoGP 承受的磨炼引出了第三套说法，而成功与失败在其中都只能充当配角。

*　　　　*　　　　*

前面几章已检视过高结论需求的危险（不管促成高结论需求的是心理创伤、不相干的焦虑、利害关系极大的交涉、结论不明的医疗结果，或变动不定的商业环境）。第二部分聚焦于避免在高压情境下犯错：人在不得不应付模糊因子时，常会因压力而贸然置之不理。第三部分将强调彷徨犹疑在哪些时刻可能对人有帮助。我们接下来要探索的，不是如何忽视模糊因子以求将伤害减到最小，而是怎样加以驾驭，好把利益增至最大。有时，甚至还得强行加上模糊因子才行。而无论如何，都得时时自我锻炼，在面对模糊因子时有备无患。那么，教师该怎么协助学生，让他们更能妥善解决没有明确答案的疑难？什么才是同时回应成功与失败的最佳方式？认可并加强模糊因子，进而接纳彷徨与犹疑，这么做如何有助于创新？

如前所述，Zara 用来缩小损害的策略是承认无从预料何种服饰会畅销。这种策略能见效，靠的是设想出远多于对手的服装设计并低价生产，而且把重制热门产品的时间缩至短短几周。但 Zara 的产品并不以创新见长，该品牌的供应链模式很新颖，可是服装却完全称不上独创。参与 MotoGP 的车厂与此相反，每年只能在利害关系极大的 18 场赛事中推派摩托车上场。这些车厂没法在每条赛道派出 1000 台摩托车，然后专注于最快的几台，也没法自由取法对手设计，去芜存菁。杜卡迪的挑战是创造赛史上最棒的摩托车，也就非得创新不可。Zara 的策略绝不可能用来生产 MotoGP 摩托车，如果苹果计算机将产品上市时间缩短至两周，也绝对不可能发明出 iPhone。

今日，"失败"备受推崇，也受之无愧。在硅谷，创业无功是事业创建者引以为荣的经历，这是必经的历程。毕竟，少了失误（error），就谈不上"试误"（trial and error）。要想匠心独具，就得放胆一探未知，置身模糊不明之境，从走错的每一步学习。再者，愈有创意的产品，愈难确知推出后的成败。哈佛大学的皮萨诺说："创新会将你拖入模糊的境地。"在某些科学领域，实验失败的比例超过 70%，新的饮食产品有 70%~80% 销量惨淡。创投业者、电影制片、书籍编辑、电玩程序设计师、药品研究人员全得面对极高的平均失败率。失败对发现与创意而言不可或缺，而且就如哥伦比亚大学商学院的丽塔·冈瑟·麦格拉恩（Rita Gunther McGrath）所说，在变化难料的年代，"失败比成功还常见"。当下经济情况不稳，市场竞争全球化，要想稳居高峰，比什么时候都难。据《经济学人》2011 年报道，选入标准普尔 500 指数（the S&P 500 index）的公司，留在榜上的平均时间为 1937 年时的 1/5。

2012 年，教育专家托尼·瓦格纳（Tony Wagner）强调，想让"（美国）经济完全复苏并长期健全"，必须设法鼓励"比现在多更多的创新"。瓦格纳指出，专栏作家托马斯·弗里德曼（Thomas Friedman）和迈克尔·曼德尔鲍姆（Michael Mandelbaum）便主张，唯有创新或创业才能免于在自动化和工作外包下失业。以下且举两例说明自动化和外包：报税作业可借助程序演算；冰箱使用手册可让土耳其的英语老师来编辑，他们语言能力够，花费也便宜。在这样的世界，能开创新商机的人最有机会壮大、成功。

明日的劳动力必须应付模糊难明的情势，但今日的学生却未有准备，令人遗憾。

以运动为喻，有助于明白问题根源。请想象大多数高尔夫球选手怎样练球。他们挑好了球杆，试挥几下，从长桶里撒出高尔夫球，便打了起来。过了一会儿，换上另一根球杆，又打起另一桶球。这种不假思索的挥击动作被称作"打"（beating）高尔夫球。但运动心理学家鲍伯·克里斯蒂娜（Bob Christina）几年前就注意到，如此做法不能完全模拟锦标赛情境。练习场的条件并不吻合"现实世界"难以预想的情况，在打整场18洞的高尔夫球比赛时，非临机应变不可，同一根球杆不会用来连续挥打两次。而除了球杆在变、球场坡度在变，球与洞的相对位置也时时有别。就克里斯蒂娜来看，更好的练习方式是训练自己面对不时变动的新挑战。

当然，练习场有其用处，反复演练能增进基本技巧，这时应勤加练习，挥打一桶又一桶的球。高尔夫选手必须先学好基础打法才能加以运用，正如物理系学生必须牢记基本方程式。但克里斯蒂娜的洞见是区隔两种同样要紧的学习，一种学的是技巧，另一种被称作"转移式练习"（transfer practice）。克里斯蒂娜并不把技术当成首要，而是强调锻炼选手应对打球时的各种情景。他心目中的理想状况，是让球员于不同条件下，在类型极其广泛的球场练习，但是就资源面来说，这种做法并不实际。克里斯蒂娜

第七章

178

能做到的，是使练习场脱胎换骨，让场中选手不只是呆板地练球，而是有备无患，能同时流畅地自我调整。

15 年前，知道转移式练习的高尔夫球教练还不多。克里斯蒂娜跟我说，他在 2002 年向《高尔夫杂志》列出的百大美国职业高尔夫协会（PGA）与女子职业高尔夫协会（LPGA）教练介绍转移式训练的好处，但现场鸦雀无声，"能听见一根针落地"，如今，转移式训练已成常规。近来，克里斯蒂娜大部分时间都担任北卡罗来纳大学格林斯伯勒分校男子高尔夫球队的助理教练，协助结实健壮的球员进行转移式训练。他让球员改换球杆、变换距离、演练种种局面，以模拟球场的变幻莫测。克里斯蒂娜爱说，这便是他的"退休时光"。

他还有另一套帮忙球员的手段，即"不帮也是帮"。不管是聘人教授大提琴、微积分，还是保龄球，我们通常会认为，花了钱是要让这人细加留心，常给予建言，而克里斯蒂娜在协助球员准备比赛时却不加提点。一开始，许多学生，甚至教练同事都不能接受。其实，球员每次击中球，身体知觉、球体移动、击球声响都会有超脱言语的反应，克里斯蒂娜便是要球员留意这种反应，因此必须压下他自身的建议。他很清楚，球员在训练中，若能得教练时加指点并随之调整，常会有较好的表现，但这种种指点有可能成为阻碍，不利于球员日后自行决断。后来，LGPA 和 PGA

请他修订专业选手的训练课程，而他也由此改变了顶尖高尔夫球教练的教学手法。

高等教育面临的难关与克里斯蒂娜所应对的麻烦不无相似。毕业生遭遇的劳动市场很鼓励发挥创意、探索模糊难定的事态，并自失败中学习，然而很多大学教授还是和老派高尔夫球教练一样，着重于呆板的技能应用，而非协助学生学习怎样应付创发之难。几年前，创意专家肯·罗宾森（Ken Robinson）有如下广为人知的主张："当下教育体系的设计、发想、结构是为了因应有别于今的年代。"另一位教育改革权威苏加塔·米特拉（Sugata Mitra）则进一步断言，西方教育系统已"过时"，他说这套强调死记硬背的系统，是要劳动者准备迎接一个早就不存在的世界。

那么，我们有更好的办法吗？

*　　　　*　　　　*

今日，大学的讲课相当于教学领域的"练球场"，600年来，这在高等教育里是教学的标准形式。在典型的大学教室中，学生面向教师，整整齐齐一排排坐好，教师宣讲教材，用语明晰。讲课的规划多半不是要帮助学生解决模糊不明的难题，授课内容一般不会有逻辑的空缺供学生填补，不会有矛盾等待学生解决，不会以停顿促进学生思考。大部分教师确实会借着提问使学生投入，但往往无心于答案，因为他们会出于焦虑或不耐烦而自问自答。有份研究显示，教师自认通常会在提出问题 10 秒后继续讲解，但实际时间平均才 2 秒。还有一份研究则揭露，师生发问次数的对比相当惊人：在某例里，教师问了 84 个问题，学生只问了 2 个。

1971 年，唐纳德·布莱（Donald Bligh）的著作《讲课何用？》（*What's the Use of Lectures？*）揭示了这项传统教学法的缺点。常见的讲课形式不太能引发学习兴趣和抽象思维，也不太能改变学生的心态，让他们主动思考，或者帮助他们学习怎么与同侪和而不同（毕竟学生连彼此讨论教材的机会都没有）。教师常常就是照本宣科，传达客观现实，不过这倒符合古风。在中世纪，"讲课"指的就是教师朗读原始资料，教育专家多米尼克·鲁克斯（Dominik Lukeš）写道："症结不在于讲课，而在于把接收信息当成学习要素。"

请想想你以前如何把某件事学到精熟。你是因为别人告诉你怎么做才学得好呢，还是由做中学（不管是自学还是经由他人协助）？随着信息渠道普及，老派的讲课方式似乎也进一步贬值。

更重要的是，传统讲课形式所鼓励的学习方法，和毕业生面临的挑战愈来愈相悖。你可曾听教师强调，要有大幅突破的创新，失误、犯错、运气必不可少？又或者，在功成名就之后，这杂乱历程便遭到美化？创业者的失败率高达 8 成，但你做过成功概率这么低的课堂作业吗？你可曾遭遇也许并无解决方法的疑难？你练习过怎样克服失败后的感受吗？

认知科学学者克莱尔·库克（Claire Cook）研究过模糊因子在教学上的价值。她很赞同，协助学生应付模糊不明的事态，在今日尤为重要。她告诉我："一般职场上真正有价值的能力，是能处理没有唯一正解的疑难。"毕业生必须能够应付缺乏明显答案的问题，但教育者却鲜少着力于使学生有备无患，不至于在未知状况中迷航。

当然，有些教师目前正在训练学生应付像创新领域所面对的那种失败率高、朦胧难辨的艰困局面；还有些则因为任教科目对高度创意的需求更为明显，长期下来便觉得有必要帮助学生应对高失败率的任务。美国马萨诸塞州圣母升天学院的吉姆·兰（Jim Lang）教授便属于后者，他除了是长聘教授，还是该学院教学卓越中心的创始主任及《高等教育纪事报》专栏作者。如他这般横跨教学实务、学术研究、媒体报道的人相当罕见，自成一格。在读到新的研究成果后，他会加以运用，在课堂上梳理出实用的部分。

兰开设非小说创作课程，试图不按牌理出牌，让学生时时略感紊乱（用他的话来说则是"状态失稳"）。他在某篇专栏写道，教学目标好比"逼着学生逆向行驶"。米歇尔·托马斯费尽心思要去除学习环境中不相干的焦虑，兰却和鲍伯·克里斯蒂娜一样，要把相关的焦虑加进来，他说："我要学生每次进教室时都会想：今天的课到底要干吗？"在我观察的那堂课里，他采用"翻转教学"的形式，让学生在课堂上修订作文。他给学生的指引不多不少，恰好有助于他们自行寻找答案，他将教室化为思想的试验场，而非积累大半世界而今随时接触得到的客观信息。他稍微抽掉学生的安全感，借此训练他们将所学移转于教室外的天地，而能在这片天地发挥所学才是真正要紧的。

在 2012 年的一场教学研讨会上，兰和其他研究教学法的专家列出了一张教学技巧清单，以便训练学生积极迎向犹疑彷徨，以及随之而来的一切情况。他们发现，这种种技巧多半可划分为下列 3 类：

1. 要学生寻找或辨识出错误。
2. 让学生为不熟悉的立场辩护。
3. 指派学生无法顺利完成的作业。

研讨会上，有位数学老师告诉兰，他有时会在分派的数学题里加入错误，要学生找出来；某建筑系教授则说，他写在黑板上的算式偶尔会出错，而学生也学到要密切留意，予以订正；还有一位化学老师建议，设计必定会失败的实验给学生做——这类作业正可反映现实世界的挑战，却鲜少被用作教学手段。马努·卡普尔（Manu Kapur）是新加坡国家教育研究院的学习科学实验室研究人员，他将上述最后一种教学设计的目标形容为"败而有功"（productive failure）。在卡普尔的实验中，学生若收到的教师回应较少，并且得以一尝失败况味，反而在其后的测试有更高超的表现，不过那些受到教师较多协助的同侪和时时受到提点的高尔夫选手一样，似乎在接受指导时也学得较多。

在兰和学术伙伴之外，还有别的学者也专注于失败之为用，借此帮助学生应对彷徨犹疑。现为得州西南大学校长的爱德华·伯格（Edward Burger），以前会依照学生的"失败质量"（quality of failure）来评定学期成绩。伯格是数学系教授，在威廉姆斯学院、科罗拉多大学波尔得分校、贝勒大学待过，他发现将失败重新构组成学习机会，就能减轻失败的污名，有助于学生从错误里有所收获，这么做也使学生更愿意承担风险，并参与课堂讨论。伯格出过一份作业，特意要求学生草草写完报告初稿，他晓得，学生在匆匆完成糟糕的草稿后，不得不花时间从失误中学习。在西北大学教授电影拍摄的安妮·索贝尔（Anne Sobel）进一步主张，想帮助学生创新，最好跨出标准评量措施，奖励他们勇于实验，容忍失败，于评估后担负风险。

要协助学生应付模糊难明的险阻，还有一种方法是更直接聚焦于此中涉及的情绪。面对困惑能感到自在、能坦承犯错、能有弹性、能承揽风险，这些都是主要的情绪技能。学生得坦然接受：除了失败，困惑也与创新密不可分。哈佛大学物理系教授埃里克·梅热（Eric Mazur）甚至在授课大纲中加了一小节谈接纳困惑，该小节写道，他很能明白"心中有惑，会使人十分仓皇，特别是在承受压力，必须有所表现的时候"。但他敦促学生，要反过来"把惶惑想成学习机会，而非失败或理解的阻碍"。如米歇尔·托马斯所知，一个人会逃避模糊因子还是加以探索，多少取决于是否感受到威胁。既然模糊因子给人的情感体验极容易受压力左右，让学生在迷惑时不至于有所损失，就是重要的第一步。

托马斯懂得如何操控人性对模糊因子的趋避，加州大学圣迭戈分校的心理学家皮奥塔·温克尔曼（Piotr Winkielman）也研究过这样的趋避，他说："两者的张力在孩子身上看得很清楚。孩子喜欢熟悉的东西。如果是一大清早，他们会奔向熟悉的玩具、熟悉的洋娃娃，或者熟悉的大人，然而他们也很快就会觉得无聊。所以，孩子一方面会偏好熟悉的事物，但另一方面，在这份说来好笑的偏爱很快消磨一空后，便会求新求变；不过，他们只有在安全的环境里才会这样做。"2010年，玛丽可·狄·芙瑞丝（Marieke de Vries）、温克尔曼和其他学者有份研究，证实了成人也有类似现象。若心情不佳，成人会从熟悉的东西中寻求慰藉；但要是兴高采烈，便会对习以为常的事物失了兴致，毕竟惯见之物给人的"暖意"此时已消耗殆尽，反使人打起"呵欠"。成人只有在心中设防的时候，新奇之事才会显得有威胁，如此看来，乐观的情绪能将使人不解的观念变得大有趣味。如果教师能重新形塑失败与困惑，让学生体认到两者不只是常态，更是不可或缺的，会大大有益于改变学生面对不明情境的心态。

在理想情况下，学生不管遭遇失败或困惑，都该把随之而起的彷徨犹疑当成提醒他们持续思考的征兆。圣母大学的心理学家西德尼·迪麦罗（Sidney D'Mello）说："世界分崩离析，人反而会生龙活虎。"他告诉我，教师该要求学生不要回避模糊因子，把困惑当作"信号"，代表有必要"在留心信息时想得更深"。

杜卡迪正是因为能由此角度检视决策过程，才有办法在2004年后反败为胜，令人佩服。失败犹如一记警钟，而杜卡迪并未充耳不闻，反倒审视起种种假定。不过，探究失败何以未必导向深化学习，给人的启发甚至更大。

*   *   *

2014年，克里斯托弗·迈尔斯（Christopher Myers）和弗朗西丝卡·吉诺等研究伙伴发表了一系列实验报告，主题是人什么时候能从失败中学习，而什么时候不能。这批研究深入阐释了失利为何能传递有益的信息，而胜利又为何会释出有害的信号。据他们所述，关键变量是"责任归属有多模糊"，或者说，结局的成因有多不明朗。

其中一项实验，研究人员要求受测者假想自己是赛车团队一员，得考虑引擎因垫圈失灵而故障的风险，决定要不要参加即将举行的比赛。这项实验是在网络上进行的，受测者获悉垫圈于多少场赛事中失灵后，若还想明白未失灵的场数，就得点击链接"必要时点此浏览额外信息"。一点下去，便会晓得失灵比例达99.99%，数据相当惊人。做完决定后，受测者才知道，在1986年"挑战者"号航天飞机的要命发射事故前，工程师便面临类似抉择。实验结果是，79%的受测者误判情势，选择参赛。

接下来，迈尔斯与研究伙伴请受测者说明促成决断的关键因素。这时便看得到模糊的责任归属如何作用：判断有误的受测者也许会怪罪实验人员隐瞒重要信息，害自己得另外点击链接；或者，他们会找借口，指出赛车引擎故障比航天飞机O型环失灵安全得多。

在第二阶段实验里，施测者于隔周要同一批受测者再做一项艰难的抉择：扮演保安分析师，辨别潜在的恐怖分子威胁。和赛车问题一样，受测者得主动寻找额外信息，才能正确作答。这一回，将前阶段失误的责任归于己身的人是否表现得较好？确实如此。

这些人辨识起恐怖分子威胁，有 40% 的正确率，而先前归咎于外在因素的人仅达 15%。

这份研究反映了杜卡迪在 2004 年吞败后学到何事。首先，工程师必须面对事实，承认犯错。GP4 型号的战果不如预期，而他们必须找出原因，并查明设计决策在何处有误。他们发现，设计流程起步太晚，导致检测与验证的时间太短。于是，时程有了修正，用于 2005 年的 GP5 型号在 2004 年 3 月就开始设计，提前了一年有余，后来也更早完工。GP6 型号则于 2006 年赛季的一年半前就着手开发。

杜卡迪察觉到的另一件事是，摩托车的设计必须更能随情况调整。GP3 和 GP4 型号是"浑然一体的系统"，每样主要零件都依循共同规划。按理说，这能发挥最好的整体表现，却也欠缺弹性，使得变更设计时牵一发动全身，浪费金钱与时间。到了 2005 年，杜卡迪改采模块化设计，得以一次变更并测试一项零件。最后，工程师学到了如何理解车手回应，在 2003 年连连获胜时，他们自顾自分析起摩托车哪里出了毛病，却不明白车况会因车手状况不佳而有偏差。由 2004 年赛况的起起落落中，他们才体悟到车手情绪会波及对校正摩托车的建议。

不过，迈尔斯和研究伙伴也审视了在赛车测验中判断正确的 21% 的受测者，值得注意的一点是，这些人当中，将前阶段功劳揽在身上的人，在本阶段表现略差。看来，诿过卸责是错，过于沾沾自喜也是错。

同理，杜卡迪在 2003 年旗开得胜，车队便自以为摸清了一切，好大喜功而停止学习。据《独立报》报道，杜卡迪修理厂的重心于该年 7 月有剧烈转变。卡比洛西在当时说："由于计划和摩托车都是新的，我们今年原本只想要多些经验。但赛季一开始，我们就看出摩托车性能很棒，这会儿有机会赢得比赛。"技术总监科拉多·切奇里尼（Corrado Cecchinelli）也坦承，2003 年的胜果使他们偏离了往常应对赛事的方式。"人会查看数据，是在想知道哪里出错的时候，不会是因为想知道为什么表现得这么好，"他说，"我们的 2003 学习季多少可以说太顺利了。于是，我们的策略是比赛完就回家，没必要分析资料。那时，有没有信息并不重要。"车款设计的变更与修正似乎起了作用后，工程师并未追问理由。

该车厂的 GP4 型号之所以无功而返，是因为车队着重于胜利而非学习。"当季成果让我们有了信心，而我们接着就赌了一把，"曾任杜卡迪研发总监的菲利波·普雷齐奥西（Filippo Preziosi）说，"我们把要用在 2004 年赛季的摩托车改了一下。"GP4 型号的 915 项零件中，有 60% 全然有别于 GP3 型号，设计人员对决策过程深具信心，认为新型号甚至会更有斩获，而这正是车队在该年赛季一开始就凄凄惨惨的原因。

皮萨诺在另一份研究检视一系列倚赖创新而失败率极高的企业，察觉了相同的模式。"公司在营运不佳时会举行汇报，"他跟我说，"但我们发现，人一旦有所成就便会放下戒心，脱离学习模式。"意料之外的成功使公司少了创意，多出太多自信。

整体来看，杜卡迪败后求胜的壮举告诉了我们：人在沦为输家时更有可能重视因果关系的模糊难辨。不过，既是"模糊难辨"，我们当然常常无法将之尽收眼底，否则成功就不会有害，而是代表我们已寻得一切解答。那么，其中的重点与其说是成败，不如说是持续处于学习模式，不断搜寻模糊因子，将不明确的事态视为能够发挥创意的机会。人之所以有成，或许和人之所以无功同等模糊莫辨，甚至更难获悉成功的原因，毕竟我们不太可能在成功之后还回头检讨其肇因。

"我们很少能 100% 肯定一件事的结果完全出于自身努力与否，"迈尔斯在谈论自己的研究时这样说，"人是成是败，以及将成败归因于何事，会改变他们在迈步向前时怎样运用人生的教训。"学者对所谓"享乐偏向"（hedonic bias）多有研究，而且类型广泛，十分有趣。这些研究的成果揭露了人确实往往将成功归于己身，把失败怪罪他人。运动员赢了，便归功于努力与技巧；输了，就归咎于时运不济。学生成绩不好，老师就责怪他们天赋不够；若成绩优异，便说证实了自己天生是教书的料。政客把胜选看作出于个人特质，而把败选想成政党标签作祟。然而，要是恶果肇因不明，我们就不得不承认该学的事还很多，才能有所进步。如若胜果成因难辨（这情形比我们所愿承认的还普遍），我们也必须有同样的认知，以免将来尝到败绩。再者，情况愈模糊，就愈可能误认成败因素。

1992 年，杜克大学的西姆·西特金（Sim Sitkin）发表了一篇如今已成经典的论文，谈失败之为用与成功之为害。据西特金所述，一方面，"失误会刺激'解冻'，摇撼旧有的感知、思维、行动方式，纳入新方法"；另一方面，成功则会让组织自得自满，有损弹性及探索精神。他建议企业要训练员工面对出人意料的新颖情境，并应提倡把细微失败当作学习手段。

不过，迈尔斯的研究及杜卡迪的经历还暗示着另一种策略。如果惨败容易引向大胜，恰似征服之后常见溃逃，那么正如吉诺与皮萨诺所强调的，一个团队一般怎样检视失败，就得怎样细思成功。即使是（或者说，尤其是）决策奏效的时候，也该查看此中有哪些模糊难辨的成因。企业要接纳模糊难明的局面，就意味着得时时追问未能预见的因素起了何种作用。该问的是，是否误判了产品是因哪一方面而畅销？生产程序可改进之处何在？成功可能会使人忽略哪些议题，以至于冲击将来的决断？机运所扮演的角色为何？

＊　　　　　＊　　　　　＊

纪录片《皮克斯的故事》（*The Pixar Story*）中，创办人乔布斯描述了初始风风光光的公司如何常常因成功而走向败亡。他说，下列两种情形都会产生危机：第一，主管不再质疑自以为晓得的事情；第二，"公司最初的企划大受欢迎，但内部的人不怎么明白何以产品能大有斩获。他们愈来愈有雄心，也愈来愈浮夸，结果第二项产品就乏人问津"。说乔布斯谈的是杜卡迪为何在2004年一落千丈，倒也说得通。不过，这话其实援引了个人经验。苹果公司实际上的第一号产品"苹果二号"计算机广受消费者喜爱，但"苹果三号"却销量惨淡，乔布斯说："我熬过了失败，却也看到很多公司没撑过去。我的感觉是，（皮克斯）要是把第二部片完成了，就会成功。"

不消说，皮克斯成功了。在这输家远远多于赢家的产业里，皮克斯连续推出14部票房冠军，而这靠的是接纳疑虑，并且对失败依旧戒慎恐惧，在电影卖座后仍会加以检讨。共同创办人艾德·卡特穆尔（Ed Catmull）很早就认识到，员工宁可欢庆胜利，迈步向前。是以，他必须找出有创意的方式，鼓励他们用更多心力审视原先可能犯下的失误，以及尚有改善空间的程序。在《创意公司》（*Creativity, Inc.*）一书中，卡特穆尔提出了所谓"隐藏"的问题，并详述其重要性。他用的比喻是，在一道门之后有着"你不知道，也不可能知道的世界"，如此广袤天地，甚至"超越我们所能想象"。他写道，要培养创意文化，就得积极想方设法来应对并发掘诸般未知事物，而这项追寻在"公司成功之后又愈发困难，因为成功使我们相信自己是以对的方法做事"。

皮克斯很清楚，对事情看似精通，会有什么风险。执导《超人特攻队》（*The Incredibles*）一片的布莱德·博德（Brad Bird）这样形容自己刚受雇时所感受到的公司文化："任何公司只要接连有 4 部卖座电影上映，就不想有丝毫变革，这地方刚好相反。里头的人说，要注意喔，我们已经连续有 4 部片大卖，会有变不出新花样，或者太过志得意满的危险。"大多数公司只有在失败时才会重新思索如"结冻"般僵固的笃定心态，但皮克斯却找到方法把这么做的好处套用到成功上。

谈起模糊难定的事态对创新所起的作用，从科学里可以寻得甚至更为有力的例证。毕竟，科学传统最庞大的资产正是反复自省、时时存疑。至少在科学社群中接纳暧昧难明的情境，则是科学的决定性特质，绝非缺陷。科学哲学领域两大巨擘卡尔·波普（Karl Popper）和托马斯·孔恩（Thomas Kuhn）各以不同方式强调了这一点。波普认为，诚实面对自身的已知和未知，意味着试图反驳而非证明对这世界的论述；孔恩则觉得，等矛盾持续累积，导致主流理论遭弃置，便是科学大跃进的时刻。在这两种说法里，都是接受事理难料在先，而新观念与新发现在后。气候科学家塔姆辛·爱德华兹（Tamsin Edwards）最近便把变动不明的状态比拟成推动科学进展的"引擎"。

《自然》期刊的编辑群写过，还好科学是"在幽暗中进步，到处闯了好些死巷和冤枉路，由一项假说迈向另一项假说"，否则"很快就会走到尽头"。这就是为什么重大心理学洞见是积累而成，而科学期刊（与科学课题写作者）的责任便在于具备怀疑心态。科学精神的核心概念是坦率开放，代表绝不把失误归责于个人，而是要将成功看成暂时如此，并且有雅量接受批评，不受情感所动。

表面上看来，乔布斯这类创业家和皮克斯这类公司的自信，与察纳难明不定事态之必要，好像格格不入。想创新，需要大胆而有信心，又有赖于能置身模糊难料的境地。我们如何让这些看似相反的特质相辅相成？一方面是理该有充足信心，才好开创事业，在好莱坞筑梦，或者推出新产品；另一方面是心中生疑，特别是在有所成就之后。人要如何同时办到？

一个答案是，历久弥新的知识能挣得一席之地，靠的是容许他人反复质问。科学洞见之所以能为人所信，是因为学界文化在最佳状态下使这些洞见有可能受到挑战。同样，乔布斯的自信似乎也是出于不停质疑原先假定，他明白不该把成功当成解决疑难的恒常之道，而该持续关注创新过程中的暧昧不明。英国 19 世纪的哲学家约翰·穆勒（John Stuart Mill）曾写道："那些最核心的信念，并未设下可堪倚赖的防卫，而是一直邀请世人来证明其立论毫无依据。"

拿 MotoGP 来说，每个获胜队伍的工程师所要面对的问题就是，在夺得荣耀之后，这份邀请函是否还算数？

第八章　爱解谜的人：
　　　　　隐藏的答案在哪里

在具备基本功能的手机大行其道前，世界各地的移工得搭乘长途巴士，风尘仆仆回到乡间村落，亲手将赚的钱交给家人。这一趟或许要好些天，得花费不少金钱与时间。你如果愿意，将钱交由别人代转也行，但这么做有风险，难保受托的人不会在路上花你的钱。

　　有很多人根本享受不到基础金融服务，连个银行账号也没有。不过，有愈来愈多人

拥有手机。1998 年，菲律宾的消费者很有眼光，为通话时间的储
值方式找到新用途。要预付通话时间，用户得在街头小店买张刮
刮卡，刮除不透明长条，将下头好几位数的专属密码输入手机。

　　菲律宾人想到，这些密码能用于金钱移转。说到底，启动码
不就是附属于特定金额的独有数字？那么预付卡就可当成数字钱
币。你只需要买张卡，别把密码输进手机，转而以短信传给国内
他处的亲人或朋友就行了。然后，你可以用都不用就将卡毁弃，
亲友则有了代表储额的密码，可以输入手机，省下原有开销。合
乎逻辑的下一步是，也可用密码抵付第三方应收的款项或将之兑
现（当然得扣除合理佣金）。有了预付卡密码和手机的通信功能（通
常是彩信或短信），就能把街上任何贩卖糖果、香烟、汽水的简
陋商店化为西联汇款公司（Western Union）。

　　这概念带来巨大转变。就连最偏远的聚落都可见贩卖预付卡
的摊子。2003 年 12 月，菲律宾最大的电信公司将此一突破转化
成商业服务，推出 PasaLoad，并解决了储值卡的一项缺点：输入
密码后，便无法将通话额度转移给他人。博茨瓦纳、加纳、乌干
达的学者也都提到，该国民众以通话时间作为虚拟货币。2004 年，
有家公司推出让用户交换通话额度的服务；2007 年，肯尼亚的沙
法利康公司（Safaricom）推出行动付费服务 M-PESA，让用户得
以借由手机存款、寄款、提款，该公司核可现有的预付卡小贩代

理 M-PESA，于是这项服务很快就成了肯尼亚首要的金钱移转渠道。这并不教人意外，毕竟 M-PESA 代理商与银行的比例高于50:1。截至 2013 年，M-PESA 用户超过 1700 万人，高出成年人口的 2/3。

　　大势沛然难挡。通话额度可当作虚拟货币，而短信也不只是手机的简易副产品。2011 年 5 月，可口可乐的国际媒体主任加文·梅罗特拉（Gavin Mehrotra）宣布："短信是（可口可乐公司行动广告的）首选。"在场经验丰富的市场人士听了都吓了好大一跳。可口可乐对短信服务的重视让人值得深思。短信日益成为全球最受欢迎的双向通讯平台，使其除了适合传信、广告、寄款，也可用于富裕国家民众通过网络处理的事项。

　　当时的菲律宾总统艾若育（Gloria Macapagal-Arroyo）不久便开办了一系列以短信为基础的政府服务。2001 年，她设立了国民投诉热线，以自己的姓名起首字母命名为"TXTGMA"，包括让国民上报犯罪、政府贪污、车辆排气污染等。最晚到 2008 年，人民在政府协力下已可传短信至 54 个政府部门。根据调查，87%的菲律宾人偏好以短信与政府打交道，只有 11% 的人宁可借助网络。加纳、巴林、印度尼西亚等国政府也推出多项服务，运用短信来获取数据。在马来西亚与老挝，如今已可用短信发布洪灾预警。而在印度，民众能以短信查询护照等此类政府文件的申请进度，让收贿的掮客无立足之地。

前景仿佛无边无际。你能够将农业、教育、保健信息传送给民众。有了移动支付功能，你可以用短信罗列并销售商品，政府很快就允许你以短信缴税。尼日利亚有家公司设置移动付费贩水机，贩卖干净的水。在肯尼亚，根据自动雨量测量所计算出的作物保险支出会直接寄至用户手机。

是何人在推动这些创新？卡内基·梅隆大学的研究人员在2014年指出，移动金融服务这项全球产业如今总值达好几十亿元，其中85%的创新来自新兴市场，比例相当惊人，而其中至少有一半是用户自为开路先锋。一般民众首倡新用途，而电信公司只能亦步亦趋，仿佛一个个跨国集团不知何故，竟看不清移动科技逐渐浮现的一连串可能发展。这就像布鲁纳与波斯曼的受测者由于预期会看到红心与黑桃花色，而忽略了眼前的伪牌。

如前所见，找出模糊因子的一大好处是有助于学习，即使人在功成名就后常会忍不住夸大自身功劳，不过，若能够有系统地将模糊因子加于物品功能之上，从而揭露人的盲点呢？以发明为例，移工看出了预付卡和短信功能有全然出人意料的新作用，如果我们也像他们那样，不受种种假设所限，试着探寻某项装置在传统之外的用处呢？由移动支付兴起的过程可知，去除成见，为手边工具找到新用法，能激起翻天覆地的商业变革。值得注意的是，这历程，以及起了关键作用的认清短信功能具备模糊因子，和亚历山大·贝尔（Alexander Graham Bell）起初为电话申请专利的经历极为类似。能开创新局的发明常常就是这样问世的。

＊　　　　＊　　　　＊

在电报尚未盛行前，扒手会于火车站寻觅猎物，收获颇丰。当时，火车是最快的信息流通渠道。除非当场人赃俱获，否则扒手总能抢先警方一步，他们可以在某车站行窃，然后跳上火车远去，而当局别想向下一站的人员示警。但在 1844 年，帕丁顿至斯劳线的火车上发生一件事改变了局面。原本，按照宣传，沿铁路铺设的电报线路是让通勤者能安排好到站后骑乘的马匹的，也就是说，只不过是个推广铁路运输的好手段，除此之外用处不大。根本没人想到用电报来打击犯罪。

后来，让人意外的是，这条电报线一道加密信息竟让扒手就逮。当年 8 月的电报记录描述了一名警员在火车进站后将车上窃贼逮捕，并从其表袋内搜出一枚某女士遭窃的金币。这小贼的名字很难听，叫"费德勒·迪克"（Fiddler Dick），他被逮捕时，整个人吓得说不出话，其他疑似同伙的人在车站周围"逡巡不去"，"对电报口出恶言"。谁料得到电报会为警察添力？

在接下来 30 年里，这"维多利亚时期的网络"朝四面八方绵延，覆盖范围又远又广。在 1848 年，电报线路长仅 3200 公里，到了 1852 年便超过 3 万公里，又过了 10 年，电报已是政商人士及记者的重要工具。1872 年，西联汇款公司想出了方法，在选定的城市里运用内含数字的密码本使人得以电汇款项达 100 元，不久，金额上限便调升至 6000 元。很快，一年就有近 4 万笔交易，总额达 250 万元，电报于是成了当代生活的支柱。

对那年头有意于创造发明的人而言，可望成名致富的一大途径是别出心裁，使电报的成本效益更大。1858 年，查尔斯·惠斯通（Charles Wheatstone）获得一项技术专利，这项技术是将预先打好洞的带子送入摩斯电码自动发信器，就算与最厉害的摩斯电码按键员相比，惠斯通的自动电报机也快上 10 倍。另一项重大创新是"双工"（duplex）电报：两道信息能同时沿一条电报线对向传送，使既有线路效率加倍。1874 年，爱迪生发明了"四工"（quadruplex）电报：四道信息，两两同向，同时沿一条电报线传送，爱迪生的装置为西联汇款公司每年省下整整 50 万元。

在这利害关系极大的科技竞赛发展至最激烈的时候，有两位发明家牵扯了进来。一位是伊莱沙·格雷（Elisha Gray），另一位是贝尔。1874 年，格雷已功成名就，并与人共同创办了一家电子仪器公司，即"西方电子"（Western Electric）前身。贝尔还是个二十来岁的小伙子，急切地想在生涯上有重大进展。两人都很有兴趣要开发出"谐波"（harmonic）电报，以多种音调与音频来发送信息。他们都觉得，用谐波设备的话，说不定由单一线路输送的信息能更多。格雷认为，自己的设计将可以同时递送 16 道信息。

　　1875 年 7 月 2 日，贝尔正在开发自家款式的谐波机器，有块簧片却卡住了。助手把簧片拉松，连带使得电线彼端如拨弦一响。贝尔由此点有了突破，而于其后 9 个月间几经增益，在 1876 年 3 月得以传送人类语音。他将新发明称为"有声电报"，而专利申请书的标题便是"电报通讯的改良"。

　　不过，在电话的发明上，格雷可以说领先贝尔一步。1874 年年初，他就在一件"插曲"里有所领悟，后来被称作"浴缸实验"。他的侄子在浴室里玩弄电器，借由"触电"来逗乐年纪更小的孩子，感应线圈有两条电线，一条通向浴缸干燥的镀锌内层，格雷的侄子握住另一条。这小男孩一触碰内层，就等于接通了电流回路，会遭受轻微电击。但格雷注意到有怪事发生：如果以手摩擦镀锌处，就会产生杂音，而且音高与感应线圈当下发出的声响相同，改变线圈声响音高，因摩擦而起的杂声也会有变化。不知何故，电流竟能准确传递声音。格雷很快就体悟到，若能弄明白如何将人的语音转化为电流振动，就能以电报线路传送人声。然则他实在想不出这么做的好处，便转而专注于电报改良。

贝尔的赞助人加德纳·哈伯德（Gardiner Hubbard）语带威吓，要贝尔也全神贯注于研发谐波多任务电报。哈伯德和格雷及西联汇款公司的高层一样，都不看重电话的开发，认为会让人误了正事。他和贝尔说："你最好把这主意抛诸脑后，继续做你的音乐电报机。这东西如果成了，你就会成为百万富翁。"但贝尔难以忘怀。"尽管我很努力要专心做多任务电报，"贝尔日后回忆，"脑子里却满满的（念头都是要传递人语）。"格雷得意洋洋地向专利律师说，贝尔把宝贵时间浪费在没有商业价值的计划上，他坚称："目前我可不想把时间和金钱花在不能带来收益的玩意上头。"

话虽如此，1876 年 2 月 14 日，格雷还是递交了一份"保护发明特许权请求书"，以表明拥有即将申请的专利，而贝尔也于同日递送专利申请。最后，格雷本有机会申请完整专利，对贝尔的专利权提出异议，但律师劝他，不值得为这件事大动干戈。

1876 年 7 月，格雷已准备好要在费城的美国独立百年博览会炫耀一下辛勤研发的成果，他向评审展示了能用单一线路同时传递 8 道信息。不过贝尔也于费城与会，并且成了众人焦点，他在现场对着磁电（magnetoelectric）电话朗读哈姆雷特独白。格雷为此颇为心烦，事后随即向律师要了前述"请求书"副本，但是他仍向律师断言，贝尔的设备不会太重要："我正在着手费城与纽约间的'八工'（octoplex）电报：同时间单向递送 4 道信息，也就是说双向共 8 道信息齐发。我真想让贝尔用他的装置也这么做看看。"对另一位律师，格雷则补充说："至于贝尔那种会传声的电报，只有科学家的圈子会感兴趣。当个符合科学规律的玩具来看，也算是出色。但我们在特定时间内能以电报寄送的消息，老早就比说话还多了。"

1876 年一整年，金融家哈伯德老是拜托贝尔倾全力于多任务电报开发，就算在博览会后仍是如此。他认为，贝尔若能在电报方面有重大进展，便可保每年收入无虞，到时再来对电话修修改改也不迟。贝尔的心态很矛盾，但最晚到 10 月已下定决心要不顾哈伯德劝阻。4 年后，全球使用中的电话达 3 万多部，而贝尔这项专利的收益也在美国史上名列前茅。

贝尔的突破不仅在于技术，毕竟，格雷早他一年领略了电话原理。然则，格雷执着于电报线只能用于传输电报，贝尔真正的洞见在于观念，他设想到了怎样使"有声电报"不只是新奇玩意。

电话的发明和手机短信的创意用途都有同样的内在模式，发明家之所以能创新，常常是由于领悟了既有技术先前遭忽视的功能有何潜力。换言之，能有创新，是因为这些人认清了某物作用看似明确，其实模糊分歧。以电报而论，当这新系统有助于逮捕窃贼，便让人"啊哈"一声，恍然大悟。以电话来看，自从贝尔了解到，能与远方的人通话，附加好处胜过信息传送速度，局面就不同了。而菲律宾人察觉预付卡等同于加密金额，而且短信可用来移转金钱，移动支付便应运而生。以上例证，全有赖于人挣脱强而有力、心照不宣的旧有假定，不再认为物品的"本质"必然如此这般。如一名当代心理学家兼发明家所示，这种种卓越见识所反映的思维，和人在解谜时一模一样。

*　　　　*　　　　*

1766 年，伦敦一名制图师将地图固定于红木薄板，再以镶嵌细工专用的精巧锯子切下各国形状。有些人说，这便是拼图的起源。制图师的本意是帮助孩子学习地理。而安妮·威廉斯（Anne Williams）在最近一本讨论拼图沿革的书中则提到，谁都没想到这项消遣会如此让人着迷。我们把十足完好的图像支解开来，搅得一团混乱，教人摸不清头绪，接下来再睁大眼睛，花数不清的时间，把碎片重新拼凑妥当。此过程包含种种变化不定的阶段，每一阶段都促使人采取相异策略。也许，先从边缘拼起，再试着找出特定颜色或特殊图样；也许，在即将功成之时，将剩下碎片按形状分类，如单尖状、双尖状等。而一边拼，一边就会碰上出人意料的转折。图案看上去像只手，原来是只脚；看上去像朵云，结果是老人头发。或者，我们这才发觉，过去三天都把碎片看颠倒了。

如前面章节提到的，绝对伏特加的广告有如由两块碎片组成的拼图游戏，驱使我们将所见理出个意义，欲罢不能。不过，有许多谜题不只是逗引人的冲动，让人想解除矛盾或填入空缺的信息而已。伤脑筋的难题常逼着人要违逆天性，放开心胸，抗衡未经思索的假定。巧妙的纵横字谜使解谜者得费尽心力梳理多重字义：如果提示是"火"（fire），该从哪个方向寻觅同义词呢？是"起火"还是"开火"？是衍伸为"解雇"（fire 有"解雇"之意——编者注）还是"热情"？同理，高明的侦探小说会利用读者对罪犯身份的假设，把犯人藏在读者眼皮子底下。人很容易就想缩减模糊因子，但爱好解谜、拼图、悬疑小说的人士特别喜欢反其道而行。他们享受长时间等待解答揭晓的感觉，不过最终当然希望能获知答案，拼图教人不解的魅力或许便在于此。可以说，解谜之举是在抗议人心削减模糊因子。

艺术系学生也面临类似阻碍，一如心智会诉诸刻板印象及凭反复练习而得的字义联想，人的眼睛也会将物品简化为原型。若让一整间教室里技艺未熟的艺术系学生在笔记本素描茶杯和茶碟，画出来的会是杯碟最根本的样态。不管问哪一位艺术系老师，答复都一样。就算在初学者面前摆上杯碟，有些人还是依凭心中的认知作画。不过，有些或许会按实际式样作画。

艺术家马蒂斯说过，吃西红柿时，会以一般人的眼光看待西红柿，但换成作画，角度便会有别。要想准确描绘物体，必须以仿如初会的心态观看西红柿或杯碟，将之看成独特光影的汇聚，唯有如此才能如实呈现。哲学家尼采注意到，人在观察自然时也有同样现象："很少有人能将树的枝叶、色泽、形态看得丝毫不差、巨细靡遗。拿差相无几的形象临时将就一下，容易得太多了。"但人非这么做不可。现实世界极其复杂，人的心智得勇于猜测才行。加州大学伯克利分校的心理学家便写道，所有生物都具备的一项基本技能是"将环境切割成各种类别，借以将不同的刺激物齐一对待"。在超市看到西红柿，只认出这是何物反而有好处。若执着于眼前是鲜红的不规则椭圆物体，且色彩与色调相当独特，人就无法正常运作了。

于是，人根据类别为世界订定秩序。按某位研究人员的说法，要是遇上与既定分类够相近的物事，人就仿佛起了磁吸作用，"有效将其拉向原型"，而这也符合我们读完本书第一部分后会有的预期。人必须精简杂乱的世界，以便掌控。然而，对某物加以分辨，在心理上为其寻得归属，也意味着停止"审视"该物。在"辨识"出一件东西后，事情便告一段落，对于那件东西就再也不看不想、不听不闻。人在画桃子或听演讲时是如此，在骤下定论、无视他人心态的鲜明矛盾与波动时也是如此。而后者就像杀了只活生生的蝴蝶，将其脱水后插在展示盒。特别对发明家来说，人对简化的需求相当麻烦。我们在认出一样物品后，就会不知不觉间对其有了种种假设。再者，我们常常也会不假思虑，认定该物按照往例有何功能。

德国心理学家卡尔·邓克（Karl Duncker）做过项实验来检证他所指的"功能固着"（functional fixedness），并探讨人在解决问题时，实质上是怎么一回事。邓克在桌面上摆了火柴、图钉、三根蜡烛和三个硬纸盒，然后要求受测者将蜡烛并排固定于门上与人眼同高的地方（他对受测者解释，这是要做视觉实验）。一组受测者靠近桌子时看到的是空纸盒，另一组则见到一盒摆火柴、一盒放蜡烛、一盒装图钉。事后来看，解决之道很简单：用图钉把空无一物或清空了的盒子钉在门上，再把蜡烛摆进去。可是，纸盒装着物品的那一组克服疑难的比例，比盒中空空如也的另一组少了不止 50%。

答案为什么这么难想？

邓克发现，成功比例小的那组把盒子视为容器，用来装火柴、蜡烛，或图钉，从而较难看出纸盒也可作托盘用，就如同短信专门用于传信息，纸盒也只有单一功能，就算盒子大喇喇摆在眼前，也少有人想象得到别种用途。

以下三道难题分别称作"卡住的卡车""桌灯""三颗灯泡"。

这些"顿悟性问题"（insight problems）不需要专门知识即可应付。你可以试着解决，也可以只浏览一遍：

1. 有名司机正开着载货卡车，而卡车忽然"嘎"的一声停下。原来，他没注意高架桥只是勉强与卡车等高，不慎将车开至桥下。卡车顶端牢牢卡住，让他进退不得。他要如何凭借一己之力使卡车脱出桎梏，将车开走，又不让车与桥有丝毫损伤呢？

2. 不知是谁的怪主意，竟然以螺丝把桌灯底座固定于墙面。你必须取下桌灯，却又不能损坏灯与墙壁。房内除你与灯外空空如也，而你的口袋也空空如也。你不能离开房间，也没人能带任何东西进来。你该怎么办？

3. 房里有三个灯泡，房外有三道开关，全都未开。由开关处看不见灯泡。灯泡所在的房间没有窗户，而且亮光无从由密闭的房门周围透出。你只能打开房门一次，但门一开，就不可再碰开关。这些灯泡并不特殊。四下全无他人。你该怎样判定哪一道开关会让哪一个灯泡发亮？

要想解题，最好把题目当成难解的纵横字谜线索。首先，你得辨明自己有哪些出于直觉的答案，并抛诸脑后。接着，必须更深入挖掘其他可行的方案。就卡车难题而论，人通常会聚焦于卡车顶部，但这只是幌子。解法是放掉一点轮胎的空气，才好开着车前进或退后，离开高架桥下。还有另一种可能，倘若卡住的是驾驶室之后的部位，则不妨将载运的所有物品往前轴方向推。要想出第一种方法，得清楚轮胎的功能之一是增加卡车高度，而两种方法合在一起看，重点是别在实际卡住的部位钻牛角尖。

第二道难题稍微棘手一点。要是只有一颗螺丝钉将桌灯固定于墙面，那便旋转底座，但维持桌灯不动。如果螺丝钉有两颗，就得多点创意，善用插头。做法是将插头拔下，以金属插尖作螺丝起子用。要知道，插头不只是"插头"。转化插尖用途，便能够转动螺丝钉。

而最后的"灯泡"难题往往最教人伤脑筋。人一念及灯泡与墙上开关，就忍不住要想象触碰开关后一室皆明。我们一开始会有股冲动，想要让门开时有两个灯泡亮着，然后就能以某种手段弄清楚哪个灯泡对应哪道开关，但这么做会走进死胡同。应该换个思维，改在开门前尽量反复触按开关，想按多少次就按多少次。若先不理会开关一按、灯泡就亮，你也许便能想到灯泡在照明时会发热。先打开一道开关，隔 5 分钟后关闭，再开下一道，接着打开门，你就有光亮与热度两种迹象可资分析。

自2005年起，麻省州立大学心理学博士托尼·麦卡弗里（Tony McCaffrey）基于邓克的成果，想看看能否设计一套科学方法，来解决包含前述难题在内的顿悟性问题。麦卡弗里与研究伙伴检视了最近100种发明和约1000种历史悠久的发明，察觉有模式可循，几乎所有技术突破都与适才的解题经过极其类似。

麦卡弗里发现，种种创造差不多都涉及两阶段历程。先是留意到物品隐而不显的特点，再以此为基础构筑应付疑难之道。麦卡弗里由此过程率先发展出极为有效的体系来克服"功能固着"。他在2012年某期《心理科学》期刊里阐述了这套"零件通称技巧"（generic-parts technique, GPT），他写道："我提议，受测者该构思出对（物体）各个零件不含功能的描述。"而像这样在描述每样零件时不具体指明功能，会逼着人踏出将万物划归为原型的分类系统。例如，不再把卡车看作有"轮胎"，而是将整辆运输工具重新设想成内容物会有变动、以"充气橡胶管"撑着的金属盒子。

使用麦卡弗里的技巧时，得提出两道与零件相关的问题，并加以图解。第一道提问是："此物能否进一步分解？"若能，就得在图表上分出另一层，而第二道提问是："对零件的描述是否暗指了用途？"若是，便该想出更普通的词汇来形容。举例来说，如果要将茶壶析分为不具功能意义的零件，你会在分层中列出把手、壶盖、壶身、壶嘴，再往下细分：

麦卡弗里要受测者解决与前述难题相似的顿悟性问题，并把"零件通称技巧"教给了其中一些人。下面举一道题目为例。读者运用"零件通称技巧"，该能解题才是。

你必须将两个钢环紧密相连，提起上环，下环也随着上提。每个环以实心钢铁铸成，重 3 磅，直径 6 英寸。小心别损伤了钢环。在你手边，有根细长蜡烛、一长条几乎往哪儿一划就能点燃的火柴，以及一个长宽高各 2 英寸的钢制方块。你要如何将两个钢环连起呢？

有了"零件通称技巧"，要应付这道题会容易一点。首先你得明白，用融掉的蜡油是没用的。但是，把蜡烛分解成小块，就能获得各自暗含着特定功能的蜡块与烛芯。接下来把两者细分为不指涉功能的部件，蜡块以麦卡弗里的话来说就成了"圆柱状脂质"，而烛芯先是变成细丝，再化为"交缠的一长束纤维"。现在，答案很明显了。以方块敲断蜡烛，接着以刮除烛蜡的烛芯将两环绑紧。麦卡弗里发现，学了"零件通称技巧"的受测者所解决的难题多出 67%。

找出物品的新用途，不仅有助于应对顿悟性问题及体会发明家的思维，还能在危急时刻救人一命。这点不难理解。据报道，造成泰坦尼克号沉没的冰山高 400 英尺，长度也有数百英尺。整艘船本有时间贴着冰山，以冰山为救生艇，但船长或许只把冰山看成夺命的力量，而非浮动之物。麦卡弗里指出："人如果用'冰山'来称呼一件东西，就想都不会想到，嘿，这东西可以是漂浮装置，拿来当逃生船。"

*   *   *

"为什么谜题费解？"午餐时麦卡弗里向我提问之后，疑问便徘徊不去。他还语带玄机补充说："谜题让我们恼怒，让我们搞不清自己是谁。"几年前，麦卡弗里在四十几岁的时候获得认知心理学博士学位，他在论文里用上了汲取自推理作家柯南·道尔的灵感。要知道，在后者所营造的犯罪现场谜团中，任何枝微末节都可能流露定罪的线索。对麦卡佛瑞而言，解谜需要的是刻意反思例常的种种假定。

"我最喜欢这些'啊哈'一声，从事物中看出崭新意义的时刻。"麦卡弗里说。他提了一件往事，说那时要把纱窗由家里拿到约5公里外的五金行，纱窗破了个洞，得请人补起来，但他怎么都没法把纱窗塞进车内，试过各种角度都没用。他想也许可以把纱窗绑在车顶，可是，开车时要是有风从纱窗底下灌上来，可能会被掀飞。接着，他想到了办法，转而把纱窗搁在挡风玻璃上，利用雨刷的夹力将纱窗夹紧，风就吹不走。结果，要使视线穿透纱窗并不困难，他就这样在高速公路上开了5公里。

在博士学位到手前，麦卡弗里早就有了计算机科学、哲学、神学3个硕士学位。此前的11年岁月，他是耶稣会信徒，其间还有几年担任小学教师。而在小学任教期间，他对发明历程涉及的人类心理真正感到兴趣就从此时开始。"我不断指派题目给学生，"麦卡弗里说，"像是语文推敲、物体拆组挪移、数学运算。我观察学生怎么样会被难倒，然后思考怎么样帮他们排解疑难，但我不会给具体提示，而是提供较为笼统的策略。这么教了几年之后，我慢慢开展出理论，探讨如何让人更有创意。"

发表"零件通称技巧"后，麦卡弗里获美国国家科学基金会（National Science Foundation）补助，开始建立一整套能促进创造发明的手法，并开设相关公司。"零件通称技巧"只是开端。他最想做的，是协助实际致力于创发的人。

"让人很恼火的是，在我这领域，先前的研究无法归纳出方法来帮助人应付实实在在的复杂问题。"麦卡弗里的成套手法里有一项叫作"特点光谱"（feature spectrum）。这项技巧的发展过程如下：他拿了14项一般物品，诸如雨伞、手电筒、眼镜、钮扣、枕头、蜡烛、手表，要人尽可能列出其特点。我们可以把"特点"想成对物品的普遍联想，而这些联想并不止于功能，既有物质面的特征，如原料；也有功能面的特质，如通常用于何地与何种场合、能否移动、所需能源为何。麦卡弗里将种种答案结合起来，形成一套有32项类别的系统（目前已扩展至50项），涵括所有物品特点的类型，他还发现了人容易忽略哪一种物品的哪一类特点。

例如，麦卡弗里要受测者写下蜡烛的共通特点，而受测者理所当然会提及蜡烛呈圆柱状，原料是蜡油。不过，他们还注意到：蜡烛经点燃会烧融、生火、放光、散热；蜡烛能加入香料，可用来增添气氛，会用于节日或装饰。麦卡弗里汇整结果后发现，14项物品的32类特点中，有21类往往遭受测者忽视。他原本猜想，一项物品的特点会有 1/3 遭人视而不见，但实际情况却达 2/3。他从而领悟到，发明家在看待特定产品的特点时，或许也只着眼其中寥寥几类，再加以改进或变化。

后来，麦卡弗里运用研究资料发明了新型蜡烛，几乎像是做了场思维实验。"我坐下来跟自己说，来看看两个小时能设计出多少式样吧。"他画了张简单的图，将人们所列的蜡烛特点对应 32 项类别，以便确切看出人在想到蜡烛时未念及哪类特点。

"我首先将焦点摆在物体的运动。没人提到蜡烛会不会动，这一类别完全空白。谁也没写到'蜡烛动也不动'，因为从来就没人想过要写下'蜡烛动也不动'这一类的话！我是说，也许有人会留意到火焰摇曳，但这点也没有人提。于是我说，来试试做个会动的蜡烛吧。"

为此，麦卡弗里将注意力转向另一项全然空白的类别：重量。没人有半句话提到蜡烛燃烧时会变轻。难道他就不能利用这一点使蜡烛移动？如果运用类似"正义天平"的装置，一端放砝码，另一端摆蜡烛呢？最后，麦卡弗里加了个熄烛器，尽得画龙点睛之妙。他将这项设计称为"自熄蜡烛"。

有了这款蜡烛，人就能借由更动天平一端的砝码重量来调节蜡烛燃烧时间。比如，你可以设定蜡烛燃烧一个钟头，在你入睡时熄灭。在两个小时里，麦卡弗里设计了 10 种蜡烛款式，甚至还向朝圣者蜡烛公司（Pilgrim Candle）说明"自熄蜡烛"这项点子，该公司说从未见过这样的设计。

麦卡弗里一边调整自身对疑难解答的深刻想法，以期能因应现实世界各种难关，一边也体会到，创造发明有别于不需要专门知识就能应付的顿悟性问题。他明白，发明家并未能预先备齐解决难题所需的一切物品，他们固然有整个世界的万事万物可供选用，却也必须从应接不暇的可能选项中嗅出正确解法何在，这和破解谜题并非同一回事。麦卡弗里还晓得，几乎所有发明都牵扯到自相异领域引入解法。

他写道："据我估计，近 90% 的新解法其实只是修正了早就存在的解法，而后者通常取自其他专业领域。"他向我举的例子是一家运动用品公司，他们最近得改善滑雪板设计，该款滑雪板在高速急转弯时会向空中微微一翘，害使用者更容易摔倒，他们得减轻滑雪板振动才行。最后，他们从小提琴的制造工法中找到了办法，小提琴中会置入薄薄的金属格架以降低振荡，而体育用品公司比照处理，设计出适合放入滑雪板里的格架。

为了能有条有理援引其他领域的洞见，麦卡弗里规划了一种他称作"寻得模拟"的技巧。要说明何谓"寻得模拟"，最好的方式是检视该技巧最近如何有助于解决现实世界的疑难。不久前，有家材料科学公司向麦卡弗里求助，想使不沾黏的铁氟龙表面"附着"一层涂料。麦卡弗里并未询问理由，毕竟，他不想因这预定用途而在寻觅办法时有了先入之见。"寻得模拟"这一招的原理和其余技巧一样，都是为了揭露人对物品的日常描述与联想有何隐而不显的偏见。在这案例里，偏见便在于该公司所陈述的目标："在铁氟龙表面附着涂料。"麦卡弗里查阅种种专利申请后发现，"附着"一词意味着（a）在直接相触的（b）两层表面间（c）施加化学程序，这三道假定会使人在别的领域寻求解法时受限。

为了去除假定，麦卡弗里用了类似于翻查同义词词典的手法来寻找模拟。他在搜寻数据库中的研究发表与专利时，不只用上"附着"一语，还旁及"固定""连接"等同义词。"像这样描述所需，基本上是用字技巧，"他说，"比如，你想'减轻'滑雪板的'晃动'，要是在措辞上钻牛角尖，就会错失别人用'减少振动''降低摆荡''抑制紊动'来形容时所能找到的所有发明。"麦卡弗里的研究发现，人在遇上"固定"一类词汇时，一般能想出8个左右的同义词。"如果用好的同义词词典，能找到61个'固定'一语的同义词。换成别的动词，有可能找到80个或120个。有这么多不同用语来表达相同目的，人们换句话说的能力却极其有限。这项同义词技巧大大拓宽人的眼界，让人得以用各式语汇来叙述同样的目标。"

回头谈"在铁氟龙表面附着涂料"。要有重大突破，就得找到与"附着"同义，但与化学程序无关的字词，如"固定"。想加上涂料，诀窍在于必须有三层（而非两层）表面。在一层铁氟龙后面摆放有磁性的表面，就能使铁氟龙吸附另一层混入足够金属物质的涂料，这一解法，可以说是夹三明治。

＊　　　　＊　　　　＊

1880年4月1日，贝尔和25岁的助手查尔斯·泰恩特（Charles Tainter）测试了无线电话，由华盛顿特区实验室窗户至附近的富兰克林学校屋顶，传输距离超过200公尺。

泰恩特说："贝尔先生，如果听到我说的话，就到窗边挥一挥帽子。"作家罗伯特·布鲁斯（Robert Bruce）在贝尔的传记里写着，贝尔日后回顾这一刻时是如何欢欣鼓舞："不消说，我挥得很用力。这辈子，我难得这么热情。"贝尔和泰恩特的"原型电话"凭借太阳光传输人语，使无线传话得以实现。又过了20年，电气工程师瑞吉诺德·费森登（Reginald Fessenden）才成功进行首次连续波无线电人声播送。

　　原型电话的问世让贝尔如释重负，尽管并不叫座，他仍认为就"所涉原理"而论，这是自身最重要的发明。贝尔在1879年4月给妻子的信中坦承，担心会被世人当成多少是出于偶然才发现了电话怎么运作，他在信中写："让我听了很受不了的是，竟连朋友都以为我这发明是瞎猫碰上死耗子，以为我的本事到此为止。"贝尔的想象天地包罗广泛，他在睡前会阅读百科全书条目："我觉得这是很棒的晚间读物，文章不长，引人思索的课题不断变换，总能让我学到以前不知道的东西。"贝尔之所以能常保好奇，是因为乐于坚持总有尚待思索的事物。他的女婿戴维·费尔柴尔德（David Fairchild）回忆道：

　　　　贝尔先生……给人的感觉是仰之弥高，难以言诠。他是如此生气勃勃，如此和善，在其人的热切凝视下，任何狭隘浅薄的念头都要消逝。他总是让你感到寰宇万物有许许多多值得关注，有许许多多迷人的事情尚待观察、思虑，沉浸于蜚短流长或琐细话题，是浪费时间，太不应该了。

费尔柴尔德提到一件往事，说是孩子来向祖父道晚安，还带了个气球。"这不是很奇妙嘛！"贝尔转向费尔柴尔德说，"快看这气球怎样往上升！"在费尔柴尔德记忆中，贝尔"几乎热衷于对事物表露惊奇"。贝尔能有澎湃的创造力，便是因为比一般人更能产生困惑。正如身兼心理分析学者与哲学家的弗洛姆（Erich Fromm）所说："能生出困惑显然是一切创造的前提，不管艺术或科学都是如此。"

长期与贝尔不相伯仲的爱迪生更注重实务。他只受过几个月正规教育，为人很注重努力、坚持、实验。在他名下的美国专利达 1093 项，至今无人超越。爱迪生喜欢同时进行多项实验，任其相互影响。保罗·伊斯瑞（Paul Israel）在爱迪生传中写到了这位大发明家另一项癖性：

有项相关特质是，爱迪生常常会为特定装置的设计想出仿佛无穷无尽的变化。西联一位律师爱德华·迪肯森（Edward Dickerson）后来便形容他的"大脑如万花筒一般，引人注目。只要脑筋一转，事物就有千变万化的排列组合，大多数还可化为专利"。

在电话发明后不久，爱迪生就取得了白炽灯的专利。汤姆·斯坦内奇（Tom Standage）于《维多利亚时期电报》（*The Victorian Telegraph*）一书提及，电气方面的创新，例如以火花点燃煤气灯，起初"仅仅"被视为"电报系统的副产品"。但有了爱迪生的心血结晶，再加上其他技术突破，比如以电力发动街车与升降机，人们乍然意识到崭新的局面。电报仅是电力的用途之一，当作分类大项并不恰当。

因此，跨越现有的概念划分，并由他种领域引入解决办法，对创新而言至关紧要，在艺术创意里便可见二者作用。身兼作家与文学理论家的约翰·加德纳（John Gardner）将两种艺术形式的交混称作"跨类"，并且形容成开创艺术新貌的重要手法。加德纳写道，例如，想寻觅新意的作曲家，"可试着借来其他艺术形式的架构，让电影、戏剧运动等为其所用"。美国作曲家盖希文（George Gershwin）和俄国作曲家史特拉汶斯基（Igor Stravinsky）的创作，混合了爵士乐及古典音乐；莎士比亚于"悲喜剧"（dark comedies）中结合喜剧与悲剧；爱伦·坡（Edgar Allen Poe）将对谜题及真实罪案记事的兴趣合而为一，创造了侦探小说文类。后来，卡夫卡反其道而行——他的故事主角 K 是名无能解开谜团的侦探——写下了文学史上极富活力的作品，萦绕于读者心怀。试想，若艺术家或作家建构了像麦卡弗里那样的方法，来找出可能遭忽略的排列组合，将会发生何事？或者，如果其他专业的人士有系统地审视自身假定，怎样限制了对应付疑难之道的搜寻呢？

我问过麦卡弗里，创意无限的心智有何特点？恰巧，他才刚去过新泽西的爱迪生博物馆。让他很惊讶的是，爱迪生居然能想出这么多问题，不停质疑万事万物。这是怎样奏效的呢？还有别的方式吗？又或是非得这么做不可？麦卡弗里认为，成功的发明家必定身负两项特质。首先是视野宽广。要是正如他所发现，90% 的发明都是以模拟来解决难关的，发明家就有必要从各处汲取灵感。再来是有心深入理解事理。发明家并非样样通、样样松，他们真的想知道事物如何运作，也不怯于提出"答案似乎很明显"的问题。照麦卡弗里的说法："发明家想得又广又深，专家的思维往往深而不广，仅止于涉猎的人则容易广而不深，但发明家兼而有之。"

和麦卡弗里聊天，就不能不注意到是何种思路贯穿了他用以促进创新的锦囊妙术：日常叙述中埋有对思考的局限。成功的发明家总希望能逃离潜藏于平日用语中的预设情境，以免思绪受限。他们领略到，"轮胎"是充气的管状物，"烛芯"一词暗指用途，蜡烛有可能移动，而"附着"意味着施加化学程序。延伸说来，这表示我们得对惯有的联想存疑：对常态戏耍之、轻藐之，会大有用处。

＊　　　　　＊　　　　　＊

创意可不是夏日的萤火虫，没办法用瓶子罩住。"灵光一现"若能于装配线量产，也就不叫"灵光一现"了。不过，麦卡弗里（和像他这样的创业者）构思出了新方式，能提出遭人忽略的可行办法，让人更有机会发现解决老问题的新方法。即使领悟出来的道理多么微不足道，也能帮助人们改善生活。

巴西有名技工最近明白了一件事：容量1~2公升的瓶子装满水与漂白剂，就能作灯泡用，阳光从透明水瓶上方照射下来，就会被折射到四面八方，在屋顶弄个洞将水瓶固定，能大幅减少电费，或者使电气化基础设施尚未触及的住家得享照明，这样的水瓶相当于50瓦或60瓦的灯泡。2012年时也有一项创新值得留意，海地政府与手机公司数字赛尔（Digicel）合作，通过手机来发放救助金，这项计划以电子付款的方式，将津贴按月发给让孩子上学读书的妇女，使该国最贫苦的国民能获得亟需的救济。而这一切全是由预付卡起了个头。

国际人道组织"关怀世界"（Concern Worldwide）则展示

了另一种创新的支付方法，甚至不必像数字赛尔在海地那样，得将手机分发给接受救助的人。在 2008 年于肯尼亚试办的计划中，他们利用行动付费服务的基础设施，将款项发给超过 3000 位奇力欧谷居民。手机并非人人都有，但"关怀世界"组织也明白，没必要人手一机，以 10 人为一组，便可共享。接受救助的人只需要手机内可拆装的塑料 SIM 卡，因为该卡内嵌的电路已经储存了用户的专属身份号码。

后来在内罗毕，"关怀世界"施行了同样的做法。育有 5 名孩子的艾琳·欧柯斯（Irene Okoth）是这项计划的受益者，说明这套系统如何运作："我会去找代理行动付费的小贩，把 SIM 卡交给她放进……她们的手机。"欧柯斯可以直接使用小贩的手机，接着她只要输入密码就能领钱。"关怀世界"的内部人士想到了，人们甚至不需要手机就能安全收受救济金：SIM 卡的功能比一般所想的还要模糊分歧，在通话之外的各项用途里，SIM 卡可以当成转账卡，而街尾没有电力可用的简陋小店也可充当提款机。

第九章 矛盾的艺术：
多元有什么好处

耶路撒冷这座大都会处处可见藩篱划界。具有重大历史意义的核心旧城区以城墙围起，内分为亚美尼亚人区、基督徒区、犹太人区、伊斯兰教徒区，各分区还会依照悠久的惯例往下细分；在新城区，语言与文化的划分则没这么明显。在耶路撒冷南方，犹太小区巴特（Patt）与其他区的分界就幽微得多，由耶卡夫巴特街右转，沿伯尔洛克路直走，就会抵达一处住宅区，那里满是棕榈树、柠檬树、玫瑰花丛及空中花园，可以看见一栋栋以米色砖块砌成的四层楼房屋，很多都带有精雕细琢的墙壁与大门，还有几栋更大的八层楼公寓建筑，冷气旁晾着五颜六色的衣服，桃红九重葛花攀附于柏树上。

阿纳特街与伯尔洛克路交叉，通往阿拉伯小区拜特塞法法（Beit Safafa）。阿纳特街很快就接上阿塞法街，而这条街会经过就在 1949 停火线北方的阿尔盖迪尔路。拜特塞法法的建筑普遍不高，成了显眼特色。在耶路撒冷的阿拉伯区，建筑权较为复杂，但在低平的天际线之外，拜特塞法法与巴特两区的房舍看上去倒很相像。橄榄树植于棕色土壤，孩子于足球场戏耍。我来访此地时，工人已兴建起一条颇引争议的干道，要穿越拜特塞法法，使约旦河西岸南方的以色列犹太人能直通耶路撒冷中心区和滨海的特拉维夫。2014 年 1 月，以色列最高法院支持政府有权修筑干道，拜特塞法法的居民将此视为政府的一部分诡计，目的是逼他们远离家园。

从古至今，耶路撒冷从来没有单一宗教真理。谈起耶路撒冷的意义，各区居民的观点截然对立。在这块土地上，围攻、侵袭、财产占领与夺回、族群与宗教冲突，史不绝书，伤亡惨重。独尊一方说辞能使人心安，很有吸引力。阿拉伯人和犹太人一般与外界不相往来，以色列大多数学校专供阿拉伯人或犹太人的孩子修习，而非兼容并蓄。

然而在今日的巴特，在一条红砖道路尽头，巴士站对面的小园区里，有间学校正在大胆尝试融合泾渭分明的现况。全以色列总共有 5 间像这样名为"携手"（Hand in Hand）的学校，每一间都有阿拉伯孩子和犹太孩子混读，校方尽量让他们在各班中人数相当。学生在这里，不只是应对耶路撒冷日常生活的矛盾（深层的模糊因子），在两种自以为确凿无疑的心态之间，他们置身于缺口，要兼蓄双方对这世界的看法。在学校里的每一天，他们接受两种看待耶路撒冷的观点，并乐于接纳表面上相异的二者所引起的冲突。班级内，两名教师协力合作，一名以阿拉伯语教学，另一名以希伯来语教学。于"携手"学校上课的学生双语并行。

*　　　　　*　　　　　*

想研究双语并行，是出了名的棘手。原因之一是，双语人士不见得两种语言一样常用或讲得一样好，相异语言会以不同方式重叠，而双语人士对两种文化的体验或多或少并不一致。就语言学而论，意大利语和罗马尼亚语较近，阿拉伯语和挪威语较远。再者，让双语并用的孩子在巴黎和罗马长大是一回事，让他们在莫斯科和布宜诺斯艾利斯成年又是另一回事。不过，心理学家于纷乱事例中察觉到双语并行和创意呈正相关，有份研究的文献回顾发现，24 份对比双语并用与仅用单语的研究中，有 20 份揭露了前者在创意上的优势。回顾文献的人是心理学家莉娜·里奇亚德丽（Lina Ricciardelli），她指出，此优势有赖于双语人士对两种语言的精熟。

加州大学戴维斯分校的迪恩·西蒙顿（Dean Simonton）既是心理学家，也是钻研创意的专家。他的成果给人很大启发，展现了在每个艺术创新的年代之前，通常有一段以开阔心胸对待外来影响的时期。西蒙顿对创意的兴趣始于 20 世纪 70 年代中期撰写博士论文的时候，那时他努力想弄明白，为什么富有创意的天才往往汇聚于特定时期。他纳闷，为何好多才华横溢的人都出现在黄金时代与白银时代，而非所谓的黑暗时代？该拿什么来解释，在文艺复兴时期的意大利，或者伊斯兰阿拔斯王朝治下的巴格达，身负创造力的人多到不成比例？希蒙顿原本想找的是社会与文化创意的根源，最后聚焦于多元文化与双语并用。

在研究日本历史时，他将公元 580 年至 1939 年划分成以 20 年为一期，然后估算每一世代分期中著名移民与国外行旅的数量，以及当地人是否受外来者影响。接着，他拿这些起起落落来对照 14 项国家成就指标，如宗教、商业、医药、哲学、艺术。西蒙顿发现，对外来影响采开放心态、经常出国旅行，和同时提振商业与宗教的成就有正相关。而最惊人的是，他还发觉，日本社会愈多元，两个世代后在医学、小说、诗、绘画等方面就愈有创意。看起来，多元起初让人不快，数十年后却能带来好处。西蒙顿解释，大多数移民固然一开始位处社会边缘，"一两个世代后却不只融入社会，连自身文化都成了这'熔炉'的一部分，我们也就吃起了比萨与炒面"。

《天才指南书》（*The Wiley Handbook of Genius*）一书中，收录了罗迪卡·达米恩（Rodica Damian）与西蒙顿一篇发表于2014年的论文。文中提到，创意从广义来看，源于"多元"体验，这种种体验"将人推到'常规'的范畴之外，让人能够以多样角度看待世界"，而这多样角度又有助于"想提出创新概念时所不可或缺的认知弹性（cognitive flexibility）"。有份知名研究便检视了一系列大有成就的人士，诸如诗人艾略特、作家格雷厄姆·格林（Graham Greene）、政治家吉米·卡特（Jimmy Carter）、心理学家荣格（Carl Jung）、人类学家玛格丽特·米德，发现他们有一大部分是第一代或第二代移民。一份探讨杰出美籍科学家的研究显示，这些人有52%出生于外国，或者是移民的第二代。出生于外国的移民虽然仅占美国人口13%，却拿下了30%的专利，也占全国诺贝尔奖得主人数的1/4。2009年，有项实验证实，光是诱引受测者回想起居住（而非旅游）于外国的时光，就能使他们更有创造力。同样，在外国居住（而非旅游）的时间愈长，就愈有机会解开邓克的蜡烛难题。

这种种研究，指出了深入吸收外国文化使人更能化解疑难，也使得布鲁纳（前述纸牌花色研究的主要作者）于整个生涯所强调的一大要点更具说服力。他主张，人类的先入之见之所以会缩减模糊因子，是受文化所驱策的。

布鲁纳生于 1915 年，受访时已经 97 岁高龄，却仍思绪清晰，教人叹服。他告诉我，我们应付模糊事态的整体方式，"是所谓人类文化的根本要素"。人所共有的先入之见会使感知偏颇，构成了"我们所称的'文化'"。文化是人类集体曲解世界、共同粉饰（或者说否定）模糊事态，或多或少可以说成是指引人类该将消除哪些矛盾，又该对哪些品牌、技术、天才人物有信心，而这份信心其实会扭曲感知。

这也就是为什么居住在外国能让人有创造力，沉浸于新文化或来往于相异文化会摇撼人对事物的预期，有助于我们跳脱常态假定，就算只是很简单地意识到盒子的用途不只是盛放图钉。文化或多或少会借由语言来简化世界，而这也是双语并用能更有创意的缘故，正如麦卡弗里看出语言的局限有碍创新，多学一种语言则对创新有利。

*　　　*　　　*

　　双语并用的孩子经常能体验到两种文化对世界的诠释，但即使仅从大脑来看，运用两种语言还有其他好处。谈起双语并用对认知能力的影响，约克大学的埃伦·碧雅史塔克（Ellen Bialystok）是走在前端的研究者。她的研究显示，在下列三大关键领域的多项测试中，双语人士的表现都比仅用单一语言的人来得好：专注力、压下先前所获信息的能力、记住信息的能力。既然两种语言同时"运作"，或者说处于可供选用的状态，双语人士不仅得时时意识到，何种场合该用何种语言，还得在选定一种之后，忍住不用另一种。

　　以下且举一例。在现今已成经典的史楚普测验（the Stroop test）里，双语人士的表现优于仅用单一语言的人。原先由史楚普（J. Ridley Stroop）发表于 1935 年的一系列研究中，有一项是让受测者计时完成两样任务：其一是辨识不同方块为红色、蓝色、绿色、棕色，还是紫色；其二仍是颜色识别，但方块换成了同样由这种种色彩印成的字词。后者的难度在于，受测者看到的字体是一种颜色，字词指涉的却是另一种，两者相互矛盾。比如，"红色"一词可能以蓝墨印刷。按史楚普的说明："'红色'一词以蓝墨印刷，受测者就得称该词为蓝色，以绿墨印刷，就称之为绿色；'棕色'一词以红墨印刷，受测者就得称该词为红色……以此类推。"

　　以黑白印刷的话，史楚普测验就会像下面这样：

BLACK WHITE **WHITE** BLACK
GRAY **WHITE** BLACK WHITE
WHITE BLACK GRAY **BLACK**
BLACK WHITE **BLACK** GRAY

　　这时你得由左而右，再一排一排由上而下，说出字体的"墨色"："白色、灰色、黑色、灰色、白色、黑色、白色。"你应该会感觉到，为了能把字体颜色说对，自己稍微慢了下来。在原版实验中，史楚普比较了受测者在描述有色方块及字义、墨色彼此矛盾的字词时得花多长时间。结果，后者花的时间多出 70%。[1]

　　请想象一下，要在辨认字义与标识符体色彩间快速转换，该如何控制自己的心智运作。再设想自己不管是由前者到后者，或是后者到前者，怎么样都适应不来。这和彻底并用双语的人所面临的情境有几分相像，他们得频繁转换两种语言，这等训练无休无止。有份研究指出，双语家庭养育的孩子就算才 7 个月大，对注意力的控制也比单语家庭的孩子好。

---

　　1 据传，CIA 在冷战期间用修改过的史楚普测验来查出苏联间谍。这版本换成俄语字词，而用意是找出何人暗地里精通该语。涉嫌者不通俄语的话，辨读时就不会因字义的矛盾而放慢速度，如果放慢了速度，就表示精晓俄语。这测验用来揭穿间谍身份格外有效，毕竟人很容易就不假思索将字义念出来。你得经过一番练习才能抑制这股冲动。——原书注

双语人士时常得区分互有冲突的信息，双语并用的孩子甚至很早就会混用两种语言，这种现象叫作"语码转换"（code switching）。碧雅史塔克援用皮亚杰对学习的想法，来形容这样的心智角力，她跟我说："你预期事物会有特定发展，如果新情境符合预期，你就会套用旧架构，这便是'同化'。但是，你时不时会遇见不怎么符合预期的新情况，旧架构不太套得上。想迈步向前，只能微调架构，这就是'调节'。（双语人士）此时的状况正是如此：事情与预期略有差异。（双语）就像小小的刺激物，使你在思考时必须更努力一点。"

驾驭两种语言的冲突，似乎甚至对脑部有持久的帮助，能加以保护。2011 年，一份针对西语／英语双语人士的研究显示，愈精熟两种语言的人，显露出阿尔兹海默症症状的机会愈小。一辈子下来，双语并用对心智的训练，累积了某种"认知储备"（cognitive reserve）。不过，必须特别注意的是，双语并行并非有利无弊，缺点之一是言辞较不流畅。双语人士比较可能找不到合适字词，也比较容易话到嘴边却说不出来，相较于仅用单语的人，他们两种语言中任一种的语汇量都有所不及。

然而，利大于弊。尽管学者对此中牵涉的确切认知机制仍争执不休，欧盟委员会（European Commission）于 2009 年声明，数以百计的研究证实了双语并行有助于创造力。2005 年，碧雅史塔克与达娜·夏皮罗（Dana Shapero）也指出，双语人士更能应对模糊事态。在一项实验中，两人让 5 岁大的双语儿童观看意义有分歧的图像，每张都可作两种解释（大抵如下图所示，细节略有不同）。

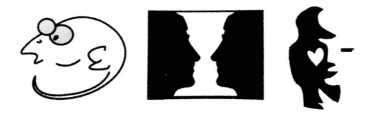

孩子们为了看出各张图可作哪两种诠释，伤透了脑筋。原因之一是，他们往往牢牢抓住所作的第一种诠释，思绪就僵固在那儿。碧雅史塔克说："孩子一认定看到的是老鼠图样，就很难抛下这想法。图像一旦贴上了标签……可以说就被固定在空间里了。"可是，双语儿童比较能辨识出第一张图既是老鼠也是人脸，能力比单语儿童高出不止 3 倍，指认出第二张图是花瓶与双人侧脸时也是如此，能力超越单语儿童不止 2 倍，而说到认清第三张图是萨克斯乐手与女性面容，双语儿童的能力也显著较高。他们学到以两种语言诠解世界，不会因语言的模糊歧义而不安，较容易脱出思维僵局。

双语人士也更能领会语言与符号的武断（arbitrary）本质。几年前，桑德拉·本·齐芙（Sandra Ben-Zeev）要 4~8 岁的单语与双语孩子在思考到物品时，假定物品有别的名称。例如，在针对希伯来语／英语孩子的实验中，受测的孩子得知："你们晓得，这东西在英语里叫'飞机'（施测者展示玩具飞机）。这个游戏里，我们称这叫'乌龟'。"接着，施测者问："'乌龟'会飞吗？（正解：会。）'乌龟'怎么飞？（正解：靠翅膀飞。）"在施测者用了古怪的替代词后，双语儿童回答起问题较单语儿童轻松。皮亚杰也设计过类似的测验给孩子做，即所谓的"日／月问题"。他设想，假设我们决定把"太阳"和"月亮"的名称对调，晚上睡觉时，在空中的会是什么？天空看上去又是如何？后来，孩子在接受测试时，能偶尔或完全使用双语的受测者还是表现得比单语受测者好，后者比较可能把夜空形容作十分明亮。

西蒙顿也提出过一项巧妙的小练习，来帮忙说明这类概念弹性怎样影响创意。他建议，先挑出 20 个常用英文名词，再找一本编得不错的双解辞典，把所有可能解释译成外文，然后由外文译回英文，如此反复施行。我们就从英文字"窗户"（window）开始，试试英法互译。房间的"窗户"叫 fenêtre，而根据辞典，装在车上则叫 glace，商店门面的"窗户"是 vitrine，银行的"窗户"是 guichet。如果要把 fenêtre 译回英文，就会碰上两个新定义，一个特别指中耳与内耳之间的孔洞（fenestra），另一个则是地质学术语"内露层"（inlier），指的是遭较晚期的岩石包覆的地质结构。另外，glace 亦指"冰""冰淇淋""糖衣""镜子"，vitrine 亦指"展示柜"，guichet 亦指"售票处"。不难想象，能同时触及这一类相异字义，有助于拓展人在想到"窗户"时脑海所浮现的一切。简单说，西蒙顿所暗示的是，双语人士内化了麦卡弗里的同义词技巧，他们发自内心明白语言有何等弹性，于是不像单语用户那样受语言所限。

照西蒙顿的说法，对彻底双语并用的人而言，"所有概念在两种语言中都有所呈现，但呈现的样貌并非完全相同"，这就是为什么计算机翻译并不完美。西蒙顿解释，这种"不完全相同"的情况意味着"概念自身必然会变得更开放、更有弹性"。钻研双语并行的专家柯林·贝克（Colin Baker）提了个例子来说明，多元语言如何使双语人士在概念上体验到更为丰饶复杂的世界：韦尔斯语的 ysgol 一词既指"学校"，又指"阶梯"，你要是通晓韦尔斯语和英语，对于学校的定义就会有更丰富的概念：是个让人在这世间更上层楼的地方。

当然，之所以会有人在耶路撒冷设立"携手"学校，多少也是出于如此想法。这些学校提供的教育，深具认知层面与文化层面的价值。教师们清楚，教育是百年大计。有名二年级的老师雅法·席拉·格罗斯伯格（Yaffa Shira Grossberg）教了 21 年，其中

有 11 年任教于"携手"学校。我到学校拜访她，听她在课间讲
述学校理念，而孩子们在我俩周围跑来跑去，相当奔放。她的班
也好，其余由幼儿园前到六年级的班也罢，全由两名老师协力执
教。

"我们通过对话来教学，"她说，"对话的人除了我和合
作的老师，还包括学生。和班上同学说话，我会讲希伯来语，和
合作的老师说话，我仍是讲希伯来语，而她用阿拉伯语回答。学
生年纪比较小的时候，我们鼓励他们用哪种语言应答都行，只要
说得自在就好。学生大一点之后，老师用哪种语言问，就鼓励
他们用哪种语言答。等到二年级结束，学生的被动理解（passive
comprehension）就完全双语并行了。"而从一年级开始，学生就
得学习两种语言的字母系统及基础阅读与写作。

我可以清楚感受到格罗斯伯格对学生的关爱。她说，学生的
行为举止有一部分和别的孩子没有两样，既会打架，也会抱怨椅
子和铅笔被偷。不过，对兼通阿拉伯语和希伯来语一事的文化方
面，学生并非无动于衷。"他们注意到犹太学生与阿拉伯学生有
所不同，感觉得到彼此相异而独特。不过他们还太年轻，不至于
把这当成阻碍。到了年纪够大，体会得到双方差异有可能会是阻
碍时，阻碍老早烟消云散。"这时，仿佛算准了我和格罗斯伯格
已谈完了话，一群小女孩如潮浪涌来，簇拥着她进教室。她们抓

着格罗斯伯格不放，像是抓着一条救生艇。

*　　　*　　　*

在耶路撒冷犹太大屠杀纪念馆对面的山丘，我和带着 3 个小男孩的一家人见面。小男孩中年纪最大的是 8 岁的崔斯坦，安德烈 6 岁，阿摩斯才 3 岁。崔斯坦和安德烈在"携手"学校就读，格罗斯伯格是崔斯坦的老师。小男孩的父亲菲利浦·图图（Philip Touitou）是身兼法籍与阿尔及利亚籍的犹太人，而这些孩子的金黄肤色似乎和此地土壤的棕色色调相映，图图的伴侣达娜·埃隆（Danae Elon）是电影导演，同时拥有美国与以色列国籍。

图图谈吐风趣，很吸引人，感觉他既能口出讽刺，也能在受到打击后很快平复，这都使得他和蔼的个性更具魅力。而埃隆一头乌发，双眸教人难忘，瞳孔周围呈棕金色，虹膜边缘却是近乎蓝绿的绿色。她带有一种轻松的幽默感，几乎不涉及褒贬，在你料所未料之时，妙言隽语便脱口而出。

阿摩斯才在学阿拉伯语，但崔斯坦和安德烈已经能讲得很好了，此外他们还能讲程度不一的希伯来语、法语、英语。这时，3 个小男孩放了学正在玩耍。安德烈先是告诉我他做过一只风筝，接着就用希伯来语唱起一首和鸟有关的歌。崔斯坦边玩 iPad 游戏，得分愈来愈高，趁空档向我打包票，说语言转换"简单的咧"，还说他最要好的 4 名朋友都是阿拉伯孩子。

平常，埃隆看着小孩把多种语言弄通，还能玩语言游戏，常常大感意外。"他们常说些搞笑的话。比如，要表达'我很喜欢这个'，希伯来语会说 ani met al ze。但 met 的意思是'已死'（dead），所以崔斯坦会用英文说，'你爱死那玩意了，对吧？'（You're dead about that, aren't you？）他们会翻译出一些很好玩的话。我想，这使得他们对人生的视野更开阔。他们所穿越的不只是语言的障碍，还有国族、宗教、肤色的藩篱。"

埃隆自己的成长过程是三语并用，她能说希伯来语、英语、意大利语，而且往来于不同社群。社群的冲突贯穿了她所拍摄的电影，也为她提供了灵感。"在这里成长，会将许多矛盾和冲突内化，"她说，"这给了人一种观察事情的角度。"

一开始，埃隆之所以会发觉对电影的热爱，纯属偶然：她被学校开除，还好有间很独特的艺术学院拯救了她，而这间学院刚好有电影系。那时，在以色列拍片没多少补助可申请，该学院才聘得到国内一些一流的电影导演来任教。后来，这些人都在以色列电影史上留名。每到星期五，他们会带学生看经典老片，有次埃隆看了黑泽明导演的《七武士》（Seven Samurai），而在走出戏院之时，她已清楚想追寻的生涯为何。1995 年，埃隆自纽约大学帝势艺术学院电影系毕业，不只赢来一座班级性的电影摄制奖项，还获得全国性的伊斯曼奖学金（Eastman Scholarship）。

纪录片《另一条回家的路》（*Another Road Home*）是她生涯一大突破，探讨了她在耶路撒冷的童年。1967 年，在六日战争过后不久，有名巴勒斯坦男子由遭占领的拜特尔村来到耶路撒冷，敲了敲埃隆家的门。他当下就获雇来照顾埃隆，此后与这家人共同生活了 20 年。男子的名字叫玛穆德（Mahmoud），埃隆都管他叫"穆沙"（Musa）。纪录片里，埃隆走遍新泽西彼得森的街道，想找到穆沙的几个儿子，他们先前离开父亲移居到美国创业。而穆沙自己则是在 76 岁的时候飞到美国与儿子团圆，为此还得冒着危险，花费好多天穿越约旦的重重查哨关卡。《纽约时报》的影评写道："谈到描绘巴勒斯坦人与以色列人共通却时常遭政治掩蔽的人性自我，很难有别的片比这部片更教人动容。"《综艺》（*Variety*）杂志则称赞此片"执着于简单纯粹"。片中，埃隆问起穆沙最令她感到沉痛的回忆：他当年如何能那般细心而温柔地为她熨烫以色列军服？"别搁在心上。"穆沙说。对他而言，这么做不过是出于关爱。

2009 年，埃隆拍了《也属私人》（*Partly Private*）。这部纪录片拍得像浪漫喜剧，却也能探究割礼的正反得失。影片开头是崔斯坦的出生，结尾则是安德烈的出生，中间则沿着她与图图争论行割礼与否开展。图图想要按照家族传统，为孩子行割礼，但埃隆有所保留。《也属私人》夺得该年翠贝卡电影节纽约最佳纪录片。埃隆这两部片子都致力于应对人生的冲突，不管这些冲突涉及的是宗教、政治，还是个人。《另一条回家的路》环绕着巴勒斯坦人穆沙为她熨烫以色列军服这段回忆开展，她无从理解此中矛盾，在纪录片里也未见化解。而在《也属私人》中，她仅止于由人性的角度提问，同样未解答所提出的问题。她说过，"没有兴趣探讨争论之中谁对谁错"，埃隆的影片详细阐述了复杂的问题，十分精彩。

埃隆当下所进行的一项拍片计划，聚焦于在耶路撒冷养育3个孩子。有个场景是，埃隆将麦克风别在崔斯坦和他同样就读于"携手"学校的巴勒斯坦朋友身上，两个小孩子和其他几个小男孩夜里漫步于耶路撒冷街道。那天是以色列的纪念日，用来悼念为国阵亡的人。

场景沿着巴特与拜特塞法法的交界展开，离"携手"学校很近。据埃隆描述："他们带着滑板出去。那时差不多是晚上7点，他们把每一条暗巷都走遍了。看到四周有阿拉伯妇女，崔斯坦的朋友就说：'崔斯坦，在这儿别说希伯来话。说了会被诅咒，而且还不晓得诅咒你的是谁。'接着，汽笛声响起，来悼念这个日子。这群小男孩听到了声响便挺直站好，然后说起汽笛声和犹太大屠杀有关系。（小男孩们搞混了，大屠杀纪念日是上个星期。）

"巴勒斯坦孩子和整群人解释，汽笛声和犹太大屠杀有关，所有人就都站着不动。接下来，一群人沿另一条街往回走。崔斯坦和朋友两个人就说：'好，不说希伯来话，在这里不说希伯来话。'等走了100公尺，两人又说：'好，现在我们不说阿拉伯话。在这里不说阿拉伯话。'"

他们才7岁，就穿过文化上的地雷区，交替使用两种语言，努力要理解双方世界，并且尝试流畅地来往其间。埃隆在晚饭后回顾这段场景。讲到一半，安德烈用阿拉伯语插话，跟埃隆说自己很爱她。"这家伙的阿拉伯腔没得挑剔，"埃隆说，"他这话发自肺腑啊，你晓得吧？"

"安德烈有很多阿拉伯朋友和很多犹太朋友。"她抱着安德烈说。她告诉我，全家人有一回到巴勒斯坦的杰理科镇玩，孩子们在那儿很自由自在，像在家里一样。"他们和阿拉伯孩子在一起的时候无拘无束。成长过程中，他们的环境并不封闭，也没有排外的恐惧。"但埃隆也坦承，人们将孩子送入"携手"学校，动机未必相同。阿拉伯父母要的是孩子能说希伯来语，才得以打进以色列社会，犹太父母则是心向变革：让犹太孩子说得一口地道阿拉伯语，是一种政治举动。

埃隆说："谈到弱者的政治策略，阿拉伯人会嘲笑犹太人说起阿拉伯语怪腔怪调，而犹太人的阿拉伯语说得道不地道，内含了一整个对社会的主张。我会说阿拉伯语，却没办法在公开场合用阿拉伯语说话。要是用了，就会觉得双方一切经历好像压在身上，光从我一些'嗯嗯啊啊'的发音就感受得到。这可不是闹着玩的。所以，听到安德烈像这样讲阿拉伯语……"她摇了摇头，激动得说不出话。沉默中，显露出以儿子为荣，安德烈卖弄起阿拉伯语来。

在我来访的几个月前，"携手"学校有群六年级学生在公交车上遭人辱骂、袭击。这些孩子没做错什么事情，只不过是一群人用阿拉伯语说话，却被两名犹太少年无意间听到了。"你们能在这里生活，应该要感谢我们通融。"一名少年说。有名年纪大的妇人也跟着发话："你们居然还活着，真该感到丢脸。"接着，在骂了句"你们是群泼猴"后，又补了两句，"我会派人把你们杀了，你们没权力活着。"妇人拉扯一名女学生的头发，还赏了她耳光。听到一名公交车乘客不平则鸣，一名少年回应："种族歧视没啥好不好意思的。我就是痛恨阿拉伯人，怎样？"公交车司机报警处理，妇人其后则遭警方拘留。

事件过后，"携手"学校的支持者在耶路撒冷各处张贴传单。传单上说：

没错，我们的肤色或许不同；

没错，我们的信仰或许不同；

没错，我们或许说着各种不同的语言；

没错，我们必须确保孩子们搭公交车都能安全。

一年前，有人在"携手"学校外头到处喷上"阿拉伯人去死吧"几个字，显然这是犹太裔的以色列激进分子干的，意思是要阿拉伯人付出"代价"，而这是为了报复政府打击犹太人在约旦河西岸的非法定居。在我抵达耶路撒冷的前一晚，崔斯坦的回家作业是向当地一间游乐园"超级大地"写信，这间游乐园不希望阿拉伯孩子与犹太孩子在同一天入园，于是决定某些天向阿伯拉孩子开放，其他天向犹太孩子开放。2014 年 11 月某星期六晚间，"携手"学校有一部分建筑遭焚毁，起火地点是幼儿班的教室。

＊　　　　　＊　　　　　＊

2011 年，尔尼·罗伊兹及艾连·冯·海尔两名心理学家比较了克鲁格兰斯基的"结论需求"概念和戈登·奥尔波特（Gordon Allport）对偏见心理的描述。两人发现，偏见的根源可以追溯到人的整体认知态度，而此种态度的特点是渴求明确事态。奥尔波特在《偏见的本质》（*The Nature of Prejudice*）这本巨著中写道，带有偏见的人"似乎很怕把'我不知道'说出口"。他们有股"冲动"，想"很快找到确切答案"，此外还"坚持以往的解决办法"，并且偏好"秩序，尤其是社会秩序"。这种人"会采取具象而流于死板的思维模式"，拟订计划时"无法容忍模糊"，"会抓着熟悉、安全、简单、确定的东西不放"，无法"看清问题的所有相关方面"。

奥尔波特是布鲁纳与波斯曼的老师。多年前，他有项研究仿效了两人的纸牌花色实验，只不过受测者所面对的并非花色颠倒的牌组，而是刻板印象。奥尔波特让受测者看一张黑人男子与白人男子争吵的图，图中的白人男子握有剃刀。稍后，他要受测者回想，图里拿剃刀的是谁，结果有一半的人将持刀者误记成黑人男子。奥尔波特的研究伙伴罗伯特·巴克霍特（Robert Buckhout）日后写道："我们看到的是，在成见或偏见中，人的预期呈现最不讨喜的形态。"

若能把偏见想成是深植于高结论需求，也许有助于以稍微不同的角度来看待偏见。我们都免不了刻板印象。欠缺一连串的假定，人就不能化繁为简，创造奇迹，而文化决定了人以何种"风格"来缩减复杂与模糊因子。既然不可能全无"风格"，就不免得仰赖先人之见。我们能抵抗"偏执"这样的仓促判断，却怎么样也无法在道德上全然避免将人大略分门别类。我猜，我们之所以一般不喜欢从这个方向来看待人的感知，是因为不把正面的仓促判断看成刻板印象。然而，不管人会因刻板印象而心存宽厚或有意苛刻，随之遗漏的信息都势必一样多。说到底，每件事必定比我们所想象的还要难解。尽管谁的心智都不足以描摹现实世界的全貌，我们却可以取法其他文化与次文化，发掘观察事物的新方式。这有几分像是以三角定位法渐渐求得真相，随着自身所学化为习惯，我们能使必然好勇斗狠的先入之见变得文雅有礼。只不过，人生苦短，万物学不胜学。不可免地，在观念、种族、地域等知识领域，人的心智仍旧对其中一大片所知甚少。但是，何妨宽心以对，坦承己身知识有所缺漏；何妨全力奋斗，寻觅会遭人心运作自然而然加以抹灭的冲突矛盾。

伟大的艺术家与科学家受冲突矛盾所启发，带有偏见的人却欲除之而后快。"携手"学校也好，崔斯坦、安德烈及他们的朋友也罢，都正是因为这项对比而让人留下极深刻的印象。埃隆并未把阿拉伯人及犹太人任一方想得过于美好或过于理想，但她和孩子们一样，都理解双方的心态。埃隆晓得，开放的胸怀所代表的不是人云亦云，而通常是让双方的见解并立，这表示，不去否定受害者也可能是加害者，加害者也可能是受害者。遵循教条行事的人，不会愿意接纳这样的"矛盾"（或者说，单纯的真相）。

*　　　*　　　*

英国演员乔治·桑德斯（George Saunders）说过："就艺术

而论，或者恰巧也是就一般而论，重要的都是能够真正安于相互矛盾的概念。"他又说，智慧或许就是"两矛盾概念经淋漓尽致表述，然后好比给搁在笼子里共鸣"。据文学评论家燕卜荪（William Empson）于《七种模糊》（*Seven Types of Ambiguity*）一书所示，莎士比亚、约翰·但恩（John Donne）、乔叟（Geoffrey Chaucer）、丁尼生（Alfred Tennyson）、叶慈（W. B. Yeats）、弥尔顿（John Milton）等人的诗篇之所以有力，有一大部分出于诗句含义自我矛盾、迷惑难解，或者多元并行。

　　双语并用在创造力方面的优势，似乎或多或少源于能体会语言隐而不显的武断偏见。不过，此种优势也来自拥有至少两种看待世界的文化观点。约翰·加德纳于《论道德小说》（*On Moral Fiction*）一书中对艺术创意起源的描述，是我读过最高明的："艺术起自内含于生命本质的创伤（或说瑕疵），并试着学习与创伤共生，或加以抚平。"在他的架构下，扞格不谐有可能出自不同的冲突。想要有创意十足的作品，先后居于两地、归属于两种文化，在社会中与人疏远，仅只是其中几种灵感泉源：

　　　　此种疏远……常常反映于另一种较为稀松平常的疏远上，也就是说，反映于难以融入所处社会……康拉德（Joseph Conrad）离开母国波兰，乔伊斯

（James Joyce）来到异国都市巴黎，福克纳（William Faulkner）去了异地好莱坞，或者当代小说家走出了哈林区、布鲁克林区、得州、俄亥俄州、内布拉斯加州而进入学院，这些人都会感到格格不入。人地错置在艺术家的生活中很常见，几乎要成了艺术成就的律法。（实际上，漂泊无定的克尔特吟游诗人还真有过这么一条法则。）……不幸的话，人地错置的格格不入会教人难以调适，使艺术创作变得自怨自艾、愤恨不平；但要是幸运，则将让人具备健全的双重视角，而非神经兮兮、迷惘难安，又焦虑又矛盾。若能往好的方向发展，会对人大有帮助，在艺术里至关紧要。……以英文写作的诗人中，最具有显明理智的两位当数乔叟与莎士比亚，两人都从一地移居至多少更具声望的另一地，而其人之伟大，便在于以诗为媒介，寻得调和新旧冲突之法。

马克·吐温主张："旅行会带给成见、顽固、偏执一记致命打击。"这是因为同理心与创造力都源自多元。毕竟，同理心基本上就是富于创意的举动，使我们能将此前未曾想象过的人生与自己的人生相连接。想要接纳他种文化，就得走想象力这条路。

这正是为什么有研究显示，高结论需求对创意有害，也是为什么阅读小说能降低结论需求，让人更具同理心（阅读小说能使人设身处地）。花点时间与不同群体往来，也有同样的效果。耶路撒冷的"携手"学校把目标放在将这些观念深深植入儿童内心，可以说摸准了人的心理。既然天生渴求整齐一致的人在陌生"他者"周围容易紧张，正面的团体互动经验有助于减轻他们的焦虑。其实，此等体验对他们最有益处。

布鲁纳在接受访谈时，也强调相同的想法。他谈到如何建立模糊情境，帮助人们保持心胸开阔，对相异观点能感同身受，还提起冲突矛盾能刺激人的想象力。蒂尔堡大学的普路也正在发展类似论点。他主张，人在应对矛盾而模糊的状况时，第五种反应便是创意。为了配合其余4种"A开头"反应（同化、调节、萃取、肯定），普路将这第五种称为"汇聚"（assembly），指的是人将生命中多变不定的事物统合起来，从中有所创发。历史上以艺术创造闻名的时期与地点，如希腊化时代的希腊与20世纪70年代的纽约都遭遇社会动荡，而这并非偶然。艺术之所以有宣泄净化之功，是因为对无解冲突的准确叙述，本身就让人在述说真相时获得宽慰。照布鲁纳的说法，创意通常起于"'模糊'得胜之时"。

就这层意义上说，"携手"学校本身就是项艺术成就。2013年，有以色列父母因为让孩子参加未经官方认可的双语教育方案，而遭教育部告上法院。但同样在这一年，第五间"携手"学校也进入了筹备阶段（这一间是幼儿园）。以色列不允许公证结婚，实务上也不允许跨信仰婚姻，使得阿拉伯人和犹太人要在该国与对方结成连理，几乎是违法的。但"携手"学校的孩子，就在位于耶路撒冷种族分界的教室里，一起画画、一起练习篮球、一起上宗教课、一起用阿拉伯语及希伯来语歌唱。

尾
声

以下是项简单的思维实验。请推敲一下过去 10 年来自己改变了多少，并且从 1 到 10 打个分数。接着，请估计未来 10 年自己会改变多少，也是从 1 到 10 打个分数。两项分数对照起来怎样？你在评估过往及将来的变化时会有不同吗？

实验结果是，大多数人确有不同，而且两者差距十分显明。为了探究此等悬殊差距，由乔迪·奎伊巴克（Jordi Quoidbach）领导的一组心理学家，最近招募了近 2 万名 18 岁至 68 岁的受测者。而受测者得回答：个性、价值观、偏好在过去 10 年有多大变动，在未来 10 年又会是如何。例如，18 岁的受测者在填答个性问卷时得假想自身是 8 岁或 28 岁，28 岁的受测者在回答同样问题时得假想自身是 18 岁或 38 岁，19 岁及 29 岁的受测者也比照办理，以此类推。受测者年龄跨度达 50 年，奎伊巴克可以好好比对人们对个人演变的预测和对实际变化的描述。

就价值观及偏好来看，受测者预期会有的变化，明显不及回想起的己身演变。不过，受测者年纪愈长，预料到的变动就稍微大些。至于个性的改变，则是各年龄群体的结果都更为一致，也更加引人深思。受测者认为，性格与 10 年前极不相同，却又不觉得 10 年后会大有差别。奎伊巴克及合作的心理学家写道，大部分的人"尽管晓得在过往有所蜕变，仍预料将来不会有太大变化"。人将当下之我与过去之我截然二分，前者固定不移，后者变动不居。我们总以为现在的自我已经根深蒂固，但这样想没有一次正确。

奎伊巴克告诉我："最有趣的发现是，不管几岁的人都会感觉演变已经结束。这就像是说，当下是长年变动后的成果，而这会没自己的事了。"

这篇论文叫作《历史幻象的终结》（*The End of History Illusion*）。论文标题是向弗朗西斯·福山（Francis Fukuyama）发

表于 1989 年的知名文章致意，此文后来扩写成《历史之终结与最后一人》（*The End of History and the Last Man*）。福山写作该文的年代是冷战末期，其核心主张是历史依循一方向、主题、自然进程开展，而我们所目睹的是集大成的历史终局。福山写道："世人所见，不只是冷战告终，或战后特定时期历史的消逝，而是历史之为历史的终结，即人类意识形态演进的终点，而西方自由民主制度普世咸遵，成为人类政府的最终形式。"这论调让福山声名鹊起。

"历史终结"的概念广受批驳，就连作者本人也未固守此论。不过，奎伊巴克的研究阐明了此论点能一鸣惊人的一大原因：人容易将过往设想成故事，仿佛具备情节，必然朝某一方向进展。问题是，这种思维剥夺了过去、现在、未来三者的神秘感，将 10 年前的"我们"视为演变不歇，而当下的"我们"则是发展已成。于是，当下与未来的潜力是何等奇妙、何等骇人，便不可得见。人的内心有股冲动，想否认未来难以预料，从而偏好将过去整理一番，化为有条有理的叙事。

这一类误解出于渴求"秩序"、厌恶"彷徨"，是本书一以贯之的核心论点。我们前面已看到，在高结论需求下，伤神的心理冲突会怎样使人在抓住明确答案后思绪凝滞，怎样使人卑躬屈膝或愈益武断。瓦科事件中，罗杰斯与贾马之所以无能应对柯瑞许的犹豫不决，正是因为不擅长应付模糊因子。两人宁可将矛盾心态解释成欺骗，这样才会好过一点。而新型全球主义渐露端倪，日新月异的科技也引诱心神不定的我们构思出各种恒常的解决之道，来排解令人难安的不明情况。在医疗及脱贫方案中，如此倾向彻底有害。同理，在商场上依据模糊胜算来预测前景，常是未蒙其利反受其弊。

大脑在有必要谋求定论或划分事物时，有很大一部分会在潜意识中进行。我们能认得寻常杂货店的寻常西红柿，或者不知不觉间消除嘴唇运动与发音的矛盾，也是潜意识层面的作用。我们面对世态时的运作模式好比吸入的空气，通常不会为人所察觉。可是，一如普路的实验所示，即使人并未意识到反常状况，仍会对这些状况异常敏感。就算是细微的事物，像是教人视而不察的花色颠倒牌组，也会使人试着在有意义与无意义之间重新取得认知平衡。人的感知会大受预期心理左右，而种种预期不只是引导人如何简化模糊情境而已。一旦受到违背，预期心理也将影响人何时寻觅意义。

不过，在结论倾向之外，内含于我们所检视的故事与事例里的，还有另一影响深远、前后贯穿的主题。人在解谜时，所需应付的是出于直觉的解答有所不足，而人之所以发笑，多少是对自己幸灾乐祸，不是心智在投射假定时想入非非、难以胜任，就是整个人在持续代入、滤除、延伸一己观念中犯错。我们追踪过的那些出色的男男女女，每个都寻得方法挣脱心智桎梏，不会再有冲动想根除模糊因子。他们抵抗简单的教化故事，不至于受其暗示，而相信人活在分类井然的世界。即使在心理科学中，我们也看到，进步不必然条理分明、线性开展。本书的主角全是异议分子，而他们所抗议的是过早破坏这世界的神秘。

这些人包括克鲁格兰斯基和普路。前者拒绝将魏玛时期德国因嫌恶不明事态而起的无比恶果视为病症，后者不愿认同心理学界各执一偏，守着僵固的知识地窖。这些人还包含人质交涉员诺斯纳、患者权利斗士特丽莎、语言学家米歇尔·托马斯、英语教师吉姆·兰，以及学者吉诺与皮萨诺。诺斯纳能沉稳立于矛盾冲突的处境。特丽莎挺身击退搜寻确凿事理过了头的医疗体系。托马斯和吉姆·兰精通教学，认识到该怎么协助学生跨过有如沼泽荒地的犹疑与彷徨。吉诺与皮萨诺则展示了，商界人士成功的原因比人所设想的还模糊难解，而且总有可堪质疑的地方。

此外，思维千变万化的发明家麦卡弗里设计了一套体系，有助于我们不受各种假定钳制，更能发挥创意。心理学家布鲁纳强调，文化决定了我们如何限缩模糊因子，自无意义中理出意义来。而埃隆的人生和所拍的电影则致力于抗拒这等限缩，从而培养出同理心。上述诸人显示了，我们可以对心智的需求加以回击，无须将尚存的疑虑一一缩减、简化、消除。学习两样语言，或者生活于两种文化，正能帮助我们这样做。

我们从"历史终结"的思路可再度看出，人的心智怎么试着将杂乱的世界安排出秩序。人很容易就会想粉饰模糊因子，而此种倾向深植于人心，难怪连历史也被改造成流线型进程，而且在人看来，过去的事件重要与否，只在于对当下境遇起了何种作用。我们往往只把现在的自己当成已发展完全。而以如此思维看待过往，正如太多人怎么对待发展中国家。毕竟，从还没发展得像我们这样的人身上，如何学得到东西？这种与生俱来的倾向，使我们不仅看不清尼泊尔人或尼日人和他国国民有哪些相似处，也忽略了如下实情：就最要紧的方面来说，十年前或百年前的人也和我们半点不差。

*　　　　　*　　　　　*

时值 1904 年 7 月。4000 名民众排成长龙，慢慢由莫斯科火车站走至新圣女修道院的墓园。一周前，安东·契诃夫（Anton Chekhov）因肺结核病逝于德国，享年 44 岁。在逝世当天清晨 2 点，契诃夫醒来时已神智不清，妻子欧嘉·妮波（Olga Knipper）让住宿于同一旅馆的俄国熟人去请医生过来。据她日后回忆："在那 7 月的沉静夜里，闷热难耐，碎石地上嘎吱嘎吱的脚步声愈离愈远。"她在契诃夫胸口放上冰块，但契诃夫回了一句："别把冰块摆在空洞的心上。"医生来了之后为他注射一剂樟脑精，接着要了一瓶香槟。

契诃夫对妻子笑着说："好一阵子没喝香槟了。"他缓缓喝完一杯，便侧向左边躺着，随后与世长辞。一只大黑蛾以翅膀拍打电灯，酒瓶瓶塞"啪"地弹出，瓶内香槟未尽。过了几天，遗体以火车运回莫斯科，脏污的绿色车厢标志着："运送牡蛎用。"

高尔基（Maxim Gorky）为这位友人写的悼词极富洞见，情谊绵绵。他回忆起契诃夫怎样激动谈到要帮助教师，还说"只付少许薪资给教育人民的人，真是荒谬"。契诃夫告诉他，假如自己有钱，"就要建造一栋宽敞明亮的建筑，非常明亮，附有大扇窗户及离地极远的房间。还要有精美的图书馆、多种乐器、菜园、果园"，倘若此事成真，契诃夫还要将村里的教师请来，"讲授农耕、神话"。"教师该懂得每一件事，每一件事啊，老兄。"

高尔基写道："我想，有契诃夫在场，每个人都会不由自主想要过得更纯朴、更坦率、更忠于自我。"通常，自惭形秽的访客为了让契诃夫印象深刻，会长篇大论谈起抽象玄理。例如，有人会说："在受了一堂个别辅导的熏陶后，人的性灵会凝聚成团，进而粉碎以客观态度看待周遭世界的一切可能。当然，世界之为物，不过是看人如何呈现罢了……"

契诃夫插话道："跟我说说，在你那地区，会打孩子的老师是谁？"访客"原本还毫不客气地对契诃夫呶呶叙说平日积蓄的巧妙语汇，忽然间……用起了简明清晰的语句，字字有力"。

契诃夫个性纯真，教人卸下心防。按他本人的说法，"血管里流着农人的血"。在农奴解放之前，他的祖父伊格尔已设法为儿子赎了身。契诃夫创作了超过 12 部剧本，以及好几百篇短篇小说。他受过医师训练，在免费诊所为农人看病，并努力要解决霍乱爆发及饥荒。此外，他捐赠了数千本书籍，还兴建了几座学校。他写给编辑普列希切叶夫（Alexei Pleshcheyev）的那封信流露出真实天性：

我害怕的是那些……打定主意要把我当成自由派或保守派的人。我不是自由派，不是保守派，不是渐进派，也不是僧侣或信仰无差别论者（indifferentist）……受法利赛主义（Pharisaism）、蠢行、暴政支配的，不只是商贩住家和警察局。就我所见，还有科学、文学和年轻世代。这是为什么我对警察、肉贩、科学家、作家、年轻一代不抱特别好感。在我看来，把人贴上标签是种偏见。对我来说，最神圣的是肉身、健康、智能、天赋、灵感、爱，以及人所能想象得到的极致自由。此等自由，不受暴力与谎言所制，无论后两者出以何种形式。

契诃夫认为，道德并不在于我们与已知事物的关系，而在于我们如何好好应对未知。他的小说提出的问题是，面对未知情境时，我们会有多好奇？会何等严厉？对他人会怎样毕恭毕敬？在这风起云涌的年代，我们正需要多一点这一类的道德。此种道德有别于智商及一般所想的自信与自制。契诃夫让我们看清，对事物无有所知，不会使人茫然无措，身陷此亦一是非、彼亦一是非的低下境地。

契诃夫近乎激进地相信，人所可能理解的世态极为有限。"作家该承认世上没有任何事说得通了，"他写道，"只有愚人与骗徒才会以为通晓了万事万物……要是有艺术家决定宣布，所见一切没一件他弄得明白，如此行动本身在思维范畴里就向前跨了一大步，是极大的善举。"1885年，托尔斯泰与契诃夫见过面后，提到"他极富才华，一定有副好心肠，只是到目前为止，对事物缺少明确观点"。就连托尔斯泰都因为无法摸清这年轻作家而心生不快。

契诃夫有多篇短篇小说都在探讨自由与设限。他最后一篇短篇小说《未婚夫妻》（*The Betrothed*）就是很好的例子。开篇，主角纳迪雅身处花园之内。5 月的夜里，花气芬芳。她 23 岁，订有婚约，此刻却感到焦虑，欠缺自信。她想象："远方天际之下、群树之上，遥遥开阔乡野之间，平原、森林之中，春之生机于此际开展，既神秘，又可爱，又富饶；其圣洁，超出软弱、罪恶的人类所能体会。"不知何故，她竟想放声一哭。

纳迪雅坐下用餐。同桌的还有母亲妮娜·伊娃娜芙娜，以及未婚夫安德烈·安德瑞奇和未来的公公安德烈神父。不晓得是什么原因，纳迪雅的母亲在月光下"看起来相当年轻"。4 个人谈起了催眠：

"那您是相信催眠啰？"安德烈神父对伊娃娜芙娜说。

"当然，我没法断言很相信催眠。"伊娃娜芙娜答道。她摆出一副很严肃，甚至称得上严峻的表情，"但我必须坦承，大自然有好多神秘不可解的东西。"

"我非常同意您的话。但我得补一句：宗教很明确地限制了神秘事物的范畴。"

仆人端上又大又肥的火鸡。伊娃娜芙娜和安德烈神父继续未完的话题，她手指上戴着的钻戒闪烁光芒，人则激动了起来，双眸泛起泪光。

"但是我不敢同意您的话，"她说，"您必须承认，人生有很多无解的谜题！"

"我可以向您担保,这样的谜题一个也没有。"

后来,纳迪雅的未婚夫带她到了为了两人的婚礼而加以布置的房子,墙上一幅画绘着"裸体女士和身旁断把的紫色花瓶"。纳迪雅体悟到,自己并不爱安德瑞奇,而安德瑞奇将她紧紧搂住,"环绕着她腰部的臂膀感觉像铁箍一般冷硬"。

纳迪雅偷偷离开城镇,过起了新生活,心里又是兴奋,又是害怕。最后,她一访故乡,而城镇显得古老、狭小、过时,整篇小说至此算是达到高潮。契诃夫以如下话语作结:"她上了楼,回到自己的房间打包行李。隔天早上,和家人作别后,便生气勃勃、意兴飞扬地离开了城镇。她想,这次是永别了。"

整篇小说和结尾,都是契诃夫的典型写法。他以一时的情感流露结束故事,留下梦想中开放而明亮的未来。如此结尾有别于一般作家的惯常手法。契诃夫很有意识地使小说零碎不全,他认为条理井然的尾声实在不诚恳。他觉得,艺术家的职责并非如"上帝那般化解悲观情绪一类的问题",而只是由无足称述的时光流逝中挑出要紧的时刻,然后提出对的质问。

吴尔芙注意到,契诃夫明白,人生中"悬而未定的结局远比任何极端情事来得稀松平常"。在契诃夫想来,"我们小说家最主要是在(故事的开头与收场)撒谎"。如契诃夫这般,不认为人该把未决之事当成已解,是他的智慧所在。他具备济慈所说的

"无所为之能"，在他眼中，世界有着"亮眼的限制"（gorgeous restraint），而这样的世界观便是他的遗泽。实际上，他第一篇"严肃的"短篇小说是写于 28 岁生日左右的《大草原》（*The Steppe*），主题与《未婚夫妻》相近。在动笔前几天，他写信给原来的编辑尼古拉·莱金（Nikolai Leikin），为自己无能寄上莱金要求的故事申辩。莱金先前要他以圣诞夜为题写一篇小说，但他处于生涯转折点，根本写不出"正规"的圣诞夜故事。他于 12 月 27 日写道："你说，故事怎么发展，你都无所谓。但对我而言可不是这么一回事。"

1888 年 1 月 1 日，契诃夫开始认真构思《大草原》。主角是名 9 岁的小男孩，名叫伊格尔，或称伊格尔卢须卡。他跟着两名准备要贩卖羊毛的男子搭乘破旧马车穿越乡间，这两名男子代表伊格尔的母亲送他到学校注册。小说里对乡野、暴风雨和零星的角色有精彩描写。在伊格尔的想象中，远处风车转动翼板，宛如人在挥手。故事末尾，两名男子将小男孩留在一名答应要让他就学的女性身边，小男孩泪眼迷蒙，目送男子离开。他深深感受到，新的人生刚刚开始，而万事万物都在变化。